Die Tour de France ist die größte Radsportveranstaltung der Welt. Die faszinierende Ausstrahlung dieses Rennens und auch großer Rundfahrten begeistert stets aufs neue Menschen für den Radsport und das Rennradfahren.

Abseits der Profirennen nehmen jedes Jahr zigtausende Hobby-Rennfahrer an den verschiedensten Veranstaltungen teil oder fahren eine Etappe der Tour de France oder eines anderen Rennens nach. Doch je größer die Begeisterung über den Sieg eines einheimischen Fahrers ist, desto mehr frisch in den Sattel gestiegene Hobbyfahrer müssen erkennen, dass ihre Leistungen doch sehr weit darunter liegen. Wer sich aber einmal genau angesehen hat, welche Anstrengungen Profi-Rennfahrer für einen möglichen Erfolg auf sich nehmen, wird allerdings nicht mehr so enttäuscht sein. Ernsthaftes Training ist eine lange, anstrengende und nicht übermäßig romantische Angelegenheit.

Das Rennrad

Ob man nun ein erfahrener Rennfahrer oder ein absoluter Anfänger ist – zu wissen, wie man sein Fahrrad in einem perfekten Zustand hält, ist einer der wichtigsten Faktoren für eine genussvolle Ausübung des Sports. Jeder Fahrer sollte in der Lage sein, erste Warnhinweise zu erkennen und zu wissen, wie er auftretende Probleme lösen kann, denn dies bedeutet, für den Erhalt des Rades weniger Geld und Zeit verschwenden zu müssen und mehr Zeit im Sattel verbringen zu können.

Professionelle Rennräder können heute leicht über 7000 Euro kosten, und wer nur das Beste haben möchte, sollte wissen, dass der Umgang mit einer solchen Maschine keine leichte Aufgabe ist. Über High-End-Fahrräder gibt es nur wenig aktuelle Literatur – und noch weniger, die das gesamte Thema detailliert beleuchtet. Ich hoffe also, dass dieses dem derzeitigen Stand der Technik entsprechende und reichlich illustrierte Büchlein mit seinen Schritt-für-Schritt-Fotos hilfreich ist. Es soll Hinweise für die Einstellung und die Wartung liefern; zudem bietet es einige Innenansichten und Fotos von den wichtigsten Radrennen Europas – einen Blick hinter den Vorhang, um zu zeigen, was Profi-Rennradmechaniker tagein tagaus alles zu tun haben.

Rennradtypen

Straßenrennrad

Dies ist ein Rennrad, wie es fast genauso von Profis eingesetzt wird. Ein Rennrad mit den besten Komponenten und den leichtesten Rädern kann schnell auf den Wert eines Kleinwagens kommen, erfordert jedoch wesentlich mehr Wartung, zudem sind die Preise für Ersatzteile und Reparaturen nicht zu vernachlässigen. Dafür lässt sich ein perfekt abgestimmtes Fahrrad wie dieses auch überragend fahren. Als Komponentengruppen werden meist Shimano Dura-Ace oder Campagnolo Record / Super Record verwendet.

Einsteiger-Rennrad

Ein Rennrad wie dieses aus der mittleren Preisklasse eignet sich bestens für die ersten Jahre im Straßenrennsport und manchmal sogar für den einen oder anderen Sieg. Viele solcher Räder haben einen für Anfänger gut geeigneten sogenannten Compact-Drive-Antrieb (siehe Seite 167). Die Komponenten sollten den Standard von Shimano 105 oder Campagnolo Veloce aufweisen.

Langstrecken- oder Audax-Rennrad

Viele Langstreckenfahrer bevorzugen wegen des besseren Komforts Rahmen mit etwas entspannterer Sitzposition. Oft werden diese Räder nach speziellen Kundenwünschen zusammengestellt, doch inzwischen liefern verschiedene Hersteller auch komplette gemäßigt ausgelegte Straßenmaschinen, die sich sowohl für das tägliche Training wie auch für Radtouristikfahrten (RTF) und Audax-Veranstaltungen eignen.

Guy Andrews

RENNRAD
Wartung und Reparatur

Delius Klasing Verlag

Die Originalausgabe dieses Buches erschien im Jahre 2007 unter dem Titel »Roadbike
Maintenance« bei A & C Black Publishers Ltd, London/UK.

© 2007 by A & C Black / Guy Andrews
Fotografie: Gerard Brown
Layout: Lilla Nwenu-Msimang / James Watson

Bibliografische Information der Deutschen Nationalbibliothek
Die Deutsche Nationalbibliothek verzeichnet diese Publikation in der
Deutschen Nationalbibliografie; detaillierte bibliografische
Daten sind im Internet über http://dnb.d-nb.de abrufbar.

2. Auflage
ISBN 978-3-7688-5296-8
© die Rechte für die deutsche Ausgabe liegen beim Moby Dick Verlag,
Raboisen 8, 20095 Hamburg

Übersetzung und deutsche Bearbeitung: Udo Stünkel
Einbandgestaltung: Buchholz/Hinsch/Hensinger, Hamburg
Satz: H & P Verlag und Marketing, Bielefeld
Printed in China 2011

Vertrieb: Delius Klasing Verlag, Siekerwall 21, D - 33602 Bielefeld
Tel.: 0521/559-0, Fax: 0521/559-115
E-Mail: info@delius-klasing.de
www.delius-klasing.de

Inhalt

Danksagung

Mein größter Dank gilt Gerard Brown – dem Fotografen, dessen Blick aufs Detail keine Grenzen kennt. Weiterhin sei dem Pro-Tour-Mechaniker Geoff Brown sowie Scott Daubert von Trek USA gedankt.

Außerdem ein Danke an Brian Buckle für die Wrench-Force-Werkzeuge, Bontrager-Laufräder und Trek-Fahrräder, an Upgrade Bikes für die Oval-Forks, an Shelly Childs von Continental für Reifen, Schläuche und Schlauchreifen, an Will Fripp und Albert Steward von Madison für Shimano- und Park-Werkzeuge, an Grant Young bei Condor Cycles, an Cedric Chicken von Chicken & Sons für Mavic-Laufräder, Campagnolo-, Tifosi- und Times-Fahrräder und an Peter Nisbet von Windwave für Colnago-Räder.

Und natürlich vielen Dank an Margaret Brain für ihre Geduld und ihr Layout.

1

Touringräder

Touringräder werden normalerweise aus Stahl gefertigt. Dies ist zwar nicht das leichteste Material auf dem Markt, bietet allerdings eine hohe Stabilität für den Gepäcktransport sowie eine gewisse Flexibilität für den Komfort auf langen Strecken. Auch die Gabel sollte aus Stahl bestehen. Ein langer Radstand verbessert die Fahreigenschaften beim Fahren mit Gepäck.

Cyclo-Cross

Viele Hersteller haben heute Cross-Bikes im Programm, die sich besonders im Winter wachsender Popularität erfreuen. Früher wurden solche Räder aus alten Tourenradrahmen und Grabbelkisten-Komponenten selbst zusammengeschraubt, heute bekommt man sie mit Carbonrahmen und High-Tech-Komponenten fertig im Laden. Auf den Seiten 188 bis 191 finden sich mehr Informationen über Cyclo-Cross-Bikes.

Bahnrennräder

Die Geometrie eines Bahnrenners ist mit steil stehender Gabel und hoch sitzendem Tretlager (zur Verbesserung der Schräglagenfreiheit) generell sehr radikal ausgelegt. Hinzu kommen seltene Einstellungen und Bauteile. So bevorzugen Sprinter Stahlrahmen mit sehr niedrigen Lenkköpfen, Langstreckenfahrer benutzen dagegen Straßenrenner-Komponenten und Verfolgungsfahrer bauen sich Zeitfahrmaschinen auf (auf den Seiten 181 bis 185 finden sich mehr Informationen über Bahnräder).

Eingangräder

Fahrräder ohne Schaltung und (manchmal) Freilauf werden wieder populär, und das nicht nur für Trainingszwecke, sondern auch für die tägliche Fahrt zur Arbeit oder das Wintertraining. Neben dem hohen Trainingsfaktor ist auch der verminderte Verschleiß des Antriebs ein wichtiges Argument. Die Montage von zwei Bremsen empfiehlt sich unbedingt (laut Gesetz sind sie ohnehin vorgeschrieben), auch wenn bei Modellen ohne Freilauf (Fixies) mit den Beinen verzögert werden kann.

Winterrad

Das Winterwetter in Mittel- und Nordeuropa ist weder für Rennräder noch ihre Fahrer die perfekte Umgebung. Als Winterräder werden oft Einsteigerrennräder oder ausgediente Straßenrenner benutzt. Da man jedoch wahrscheinlich einen Großteil seines Trainings auf diesem Gerät verbringen wird, ist ein Spezialrad mit Schutzblechen die beste Wahl. Hierbei sollte man darauf achten, eine ähnliche Einstellung (Sattel, Lenker, Pedale) wie beim Straßenrenner zu benutzen, damit man sich nicht zu sehr umstellen muss.

Zeitfahrmaschine

Zeitfahrwettbewerbe gehören bei großen Rennen wie der Tour de France oder dem Giro d'Italia zu den wichtigsten Etappen. Viele Profi-Teams verbringen Stunden damit, Rahmen und Einstellungen zu testen, um damit entscheidende Sekunden zu gewinnen. Die wichtigsten Bauteile sind ein stabiler Rahmen, perfekt angepasste Lenker und aerodynamische Laufräder.

Lageplan

Sattel
Sattelklemme
Sattelrohr
Brems-bowdenzug
Sattelrohr-Klemme
Reifen
Felge
Speichen-nippel
Lenker-stopfen
Vorbau
Lenker mit Lenkerband
Bremshebelhalter
Steuersatz
Rahmen
Brems- und Schalthebel
Bremse
Bowdenzug-widerlager
Flaschenhalter
Vorderes Schaltwerk
Kurbelarm
Kettenblatt
Gabel
Schnell-spanner
Radnabe
Ventil-schaft
Zahnkranz (Kassette)
Hinteres Schaltwerk

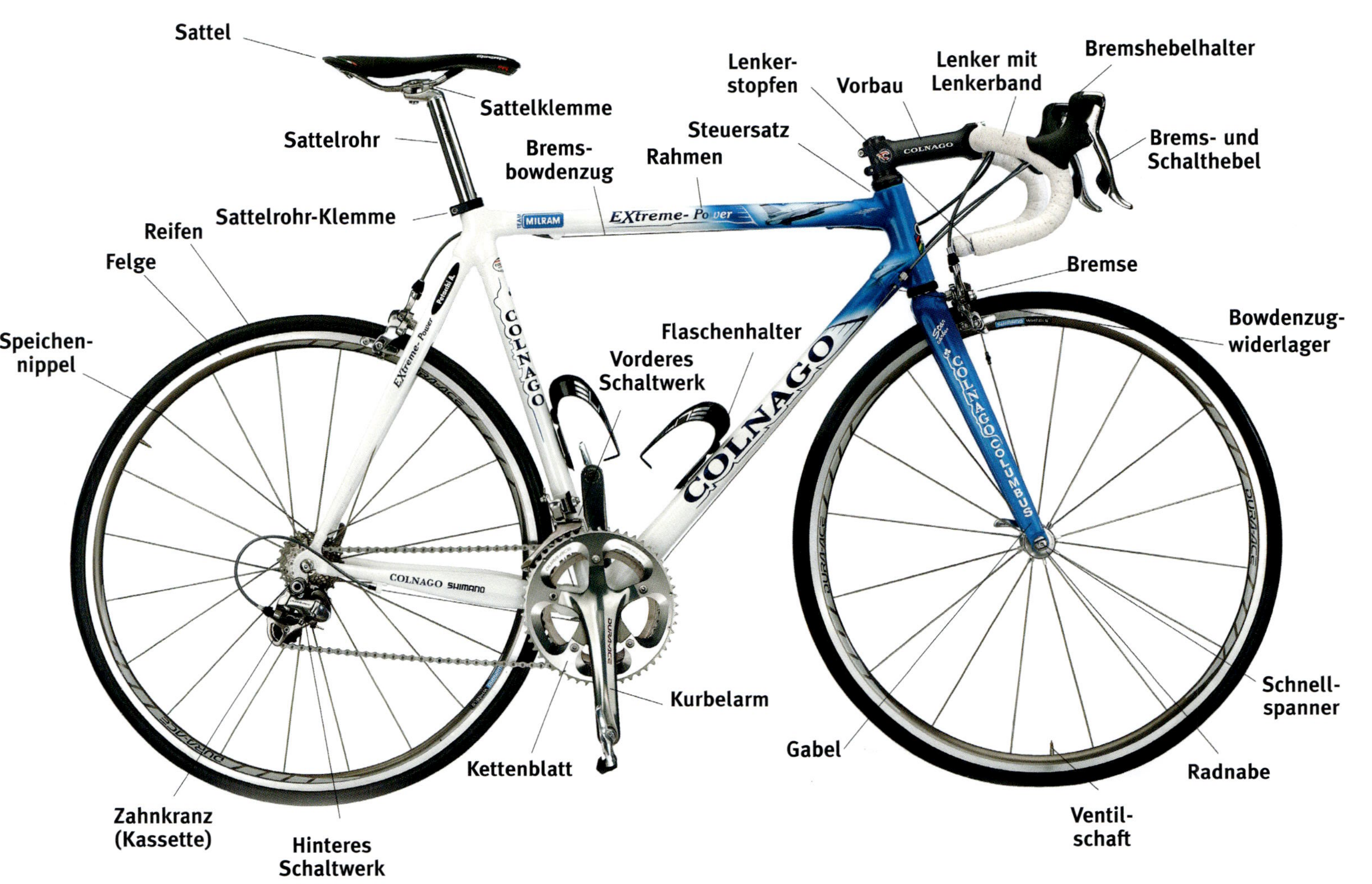

Der Kauf eines Rennrades

Historisch gesehen sind hochwertige Fahrräder immer vom nackten Rahmen ausgehend komplettiert worden. In jüngerer Zeit bevorzugen die meisten Käufer aber Komplettfahrräder von großen Herstellern. Viele gut geführte Fahrradhäuser bieten ihren Kunden die Möglichkeit, ihr Fahrrad dem persönlichen Geschmack anzupassen und entsprechend auszurüsten. Der Einsteiger wird allerdings mit einem Komplettrad am günstigsten wegkommen.

Ein neues Fahrrad wird zusammen mit einer umfangreichen Bedienungsanleitung sowie Details für sämtliche Spezialteile ausgeliefert (Shimano lässt üblicherweise eigene Anleitungen hinzufügen). Weiterhin gibt es eine Erstinspektions-Checkliste und eine Garantiekarte. Neue Fahrräder, die nicht über solche Papiere verfügen, sollte man nicht kaufen. Defekte und Ausfälle sind zwar selten, doch sollte man sichergehen, dass sie im Falle des Falles rasch und möglichst günstig behoben werden. Diese Informationen deuten bereits an, dass ein professionell zusammengebautes und kontrolliertes Fahrrad am besten bei einem guten Fachhändler vor Ort gekauft werden sollte.

Einsteigerrennräder kosten zwischen 350 und 500 Euro. Aufgrund des großen Preiswettbewerbes in dieser Klasse sind diese Räder oft recht hochwertig gemacht und mit guten Komponenten ausgerüstet. Allerdings muss man wissen, dass Einsteigerbikes nicht dazu konstruiert und gebaut sind, um extremere Belastungen zu verdauen; wenn man sich also selbst merklich verbessert hat, sollte auch ein entsprechend verbessertes Fahrzeug angeschafft werden.

Die größte Aufmerksamkeit gilt immer dem Rahmen und der Gabel, dann den Laufrädern und schließlich den Kontaktpunkten (Sattel, Lenker und Pedale) – ganz am Ende kommen die Komponenten. Diese sogenannte »Gruppe« ist hier deswegen an die letzte Stelle gesetzt, weil ihre Teile mit der Zeit verschleißen und entsprechend gegen bessere Komponenten ausgetauscht werden können. Der Rahmen, die Gabel und die Laufräder sind immer die teuersten Teile eines Fahrrades, sodass nach einem Hersteller Ausschau gehalten werden muss, der sich auf diesem Gebiet Mühe gibt. Der Blick auf Details und eine gute Verarbeitung lässt erkennen, ob nicht am falschen Ende gespart wurde.

Tipps für den Rennradkauf

Wie die meisten Dinge im Leben hat auch jedes neue Fahrrad seine Vor- und Nachteile. Hier einige Tipps, die vor dem Kauf eines neuen Rades in Betracht gezogen werden sollten:

1. Ein Freund mit Ahnung von der Materie kann einem immer gute Ratschläge geben. Erkundigungen über die bevorzugte Marke (auch im Internet), das Studieren entsprechender Kataloge und in Ruhe angestellte Vergleiche können gutes Basiswissen liefern.
2. Das aktuelle Angebot wird ständig in Radsport-Fachzeitschriften getestet und verglichen. Das Stöbern in Archiven lässt sich oft über das Internet erledigen, und auch Mails an die Redaktionen werden oft beantwortet.
3. Die Bestsellerlisten der Hersteller können gute Hinweise liefern.
4. Bei jedem Händlerbesuch sollten folgende Fragen gestellt werden:
   - Welche Rahmengröße benötige ich? Kann die gewünschte Größe nötigenfalls bestellt werden? (Mehr zum Thema Rahmengrößen auf Seite 22)
   - Kann ich eine Probefahrt machen? (Mehr Informationen dazu auf Seite 7)
   - Ist die Erstinspektion kostenlos?
   - Kann ich unter Umständen Teile (Sattel, Stütze, Lenker usw.) tauschen, um das Rad optimal anzupassen?

   Die Antworten auf diese Fragen sollten »Ja« lauten.
5. Mit dem Kauf eines Rades ist noch nicht alles erledigt. Wer einen wohlwollenden Händler mit einer guten Fachwerkstatt im Rücken haben möchte, muss auch Loyalität aufbauen. Wer vom günstigsten Anbieter ein billiges Rad kauft, sollte nicht erwarten, dass der örtliche Fachhändler sich dann mit Garantieansprüchen herumschlägt oder kostenlos kleinere Arbeiten

ausführt. Beim Kauf eines Rades sollte man auch über den Kauf des entsprechenden Zubehörs (Helm, Kleidung, Werkzeug usw.) nachdenken – hier machen Fachhändler oft günstige Preise oder legen noch eine Trinkflasche oder ein Set Schläuche obendrauf.

6. Sonderangebote, Vorführmodelle oder andere Schnäppchen dürfen nur gekauft werden, wenn man absolut sicher ist, dass dies genau das richtige Fahrrad in der richtigen Größe ist.

7. Wenn die gewünschte Rahmengröße nicht vorrätig ist, empfiehlt es sich, auf eine entsprechende Lieferung zu warten, statt eine andere Größe zu kaufen.

8. Eine Umfrage unter örtlichen Radsportlern zeigt, welcher Händler beispielsweise gute Ratschläge erteilen kann oder sich auf bestimmte Marken spezialisiert hat. Es ist immer ratsam, einen Händler mit einem guten Ruf auszuwählen. Dieser sollte außerdem auf Fragen aller Art eingehen und eine gut ausgerüstete (und saubere) Werkstatt vorweisen können. Wie bereits erwähnt, sollte es hier auch eine kostenlose Erstinspektion geben.

Die Testfahrt

Bevor einem ein Fahrrad für eine Probefahrt anvertraut wird, muss zumeist ein Pfand (Kreditkarte, Personalausweis, Autoschlüssel etc.) hinterlegt werden. Zuerst wird die Sattelhöhe angepasst. Vor der Ladentür muss man sich erst einmal in Ruhe mit der Position auf dem Rad vertraut machen und kann dann eine kurze Fahrt unternehmen. Zwischendurch hält man an einer ruhigen Stelle und schaut sich genau an, was man da eventuell kaufen möchte. Wer sich nicht hundertprozentig sicher ist, sollte weitere Fahrräder – auch bei anderen Händlern – ausprobieren.

Eigenbau-Fahrräder

Vielleicht möchte man irgendwann selbst ein Rad aufbauen. Manchmal bekommt man Rahmen zu günstigen Preisen angeboten – Vorsicht ist bei gebrauchten Teilen geboten. Antriebskomponenten und Sattelrohre gibt es in kleinsten Größenabstufungen, sodass beim Kauf der Anbauteile genau aufgepasst werden muss. Zudem kann man ohne die richtigen Werkzeuge und etwas Wissen über ihre Handhabung teure Schäden anrichten.

Gebrauchtfahrrad

Der Gebrauchtradkauf ist wie der Eigenbau mit einem gewissen Risiko verbunden. Ein vermeintliches Schnäppchen kann sich schnell als ein notdürftig geflicktes Unfallfahrzeug herausstellen. Im Idealfall sollte das Gebrauchtrad nur eine geringe Laufleistung hinter sich haben.

Wenn am Antrieb oder den Bremsen bereits Verschleiß festzustellen ist, müssen diese Teile wahrscheinlich bald ersetzt werden – mit entsprechenden Kosten (vielleicht kostet der Austausch bereits mehr, als einem das gesamte Rad überhaupt wert ist)! Hier ist der erfahrene Radsport-Kollege unerlässlich, denn er kann verräterische Zeichen sofort erkennen. Wie bei jedem Gebrauchtkauf besteht zudem immer die Gefahr, Hehlerware zu erwerben, die ggf. ersatzlos zurückgegeben werden muss.

Der Rahmen

Geometrie und Rahmenwinkel

Über das Thema »Rahmengeometrie« wurden bereits ganze Bücher verfasst; Zeitschriftenartikel, Tests und Aufsätze bereichern das Thema fast täglich. Ich will hier nur eine Übersicht bieten und nicht weiter in die Physik eintauchen. Gute Läden haben erfahrene Mitarbeiter, die einen bei exakt gestellten Wünschen und Fragen gezielt beraten, sodass man genau das Fahrrad erhält, das zu einem passt.

Rahmentypen

Seit vielen Jahrzehnten ist die klassische Rautenform (engl.: Diamond, daraus wurde dann der Begriff Diamant-Rahmen) die bevorzugte Form im Fahrradbau.

Die Standardgeometrie mit dem waagerechten Oberrohr ermöglicht einen stabilen Rahmen, und die meisten Fahrer (auch die Profis) bevorzugen die präzise Fahrbarkeit und den Komfort, den ein in dieser Geometrie gehaltener Rahmen bietet. Als Kompaktgeometrie werden Rahmen mit nach hinten abfallendem Oberrohr und

Der Rahmen

einem entsprechend kürzeren Sattelrohr bezeichnet, deren kleinerer Hinterbau das Rad zwar etwas steifer, damit aber tendenziell auch etwas unruhiger macht.

Rahmenwinkel

Die Winkel des Steuerrohrs und des Sattelrohrs variieren generell zwischen 75 und 68 Grad in Bezug auf einen ebenen Untergrund, sodass 75° steil ist und 68° flacher.

Steuerrohrwinkel

Die Ausrichtung des Steuerrohres spielt eine entscheidende Rolle bei der Fahrbarkeit. Ein steil stehendes Steuerrohr macht das Lenken agiler, gibt aber dennoch bei hoher Geschwindigkeit genug Stabilität für Sprints. Ein flacher stehendes Steuerrohr bietet bei allen Geschwindigkeiten gute Stabilität, erschwert jedoch das Lenken etwas und kann bei Sprints zu leichtem Schlingern führen.

Sattelrohrwinkel

Der Winkel des Sattelrohres hat großen Einfluss auf die Gewichtsverteilung und die Position über den Pedalen, die Auswahl und die Positionierung des Sattels lassen aber einen gewissen Spielraum zu. Zeitfahrmaschinen haben normalerweise ein steiles Sattelrohr, damit der Fahrer weiter nach vorne kommt und sowohl eine kräftigere Trittposition erhält wie auch bequem an den weit unten angebrachten Lenker heranreicht. Ein flacher stehendes Sattelrohr sorgt generell für eine entspanntere Sitzhaltung und wird besonders bei Cyclo-Cross-Rädern verwendet, da hier das nach hinten verlagerte Gewicht auf rutschigen Untergründen für eine bessere Traktion sorgt. Allgemein gilt, dass der Sattelrohrwinkel gut auf den Körper abgestimmt sein muss.

Als Richtwerte (abhängig von der Rahmenhöhe) benutzen Rennradhersteller neutrale 72 bis 74° Sattelrohrwinkel in Verbindung mit 71 bis 73° Steuerrohrwinkel, um eine gute Kombination aus Komfort, Stabilität und akzeptablem Lenkverhalten zu erhalten.

Gabelversatz und Nachlauf

Sehr wichtig ist es, den Versatz der Gabel mit dem Steuerrohrwinkel abzustimmen, um den Nachlauf zu optimieren. Zudem haben Gabeln vielfältige Eigenschaften, die Einfluss auf das Fahrverhalten ausüben. Im Durchschnitt haben Fahrradgabeln zwischen der Mitte des Gabelschaftes und der Mitte der Radachse einen Versatz von etwa 43 mm, Rennradgabeln liegen bei 37 mm, wogegen es bei Tourenrädern 50 mm sein können. Ein geringer Versatz führt zum Übersteuern (also zu einem engen Kurvenradius), während ein großer Versatz zum Untersteuern (also zu einem weiten Kurvenradius) verleitet. Der Nachlauf (also der Abstand zwischen dem Schnittpunkt der gedachten Verlängerung der Steuerrohrachse mit dem Erdboden und dem Aufstandspunkt des Reifens) wird durch die Kombination aus Steuerrohrwinkel und Gabelversatz bestimmt. Bei einem Criterium-Rennrad wird dieser Wert unter 50 mm liegen, wogegen er beim Cyclo-Crosser oder Langstreckenrenner mehr als 65 mm betragen kann. Die meisten Profis achten darauf, dass ihr Fahrzeug immer ein möglichst neutrales Fahrverhalten an den Tag legt, egal ob sie steile Abfahrten hinunterjagen oder über Kopfsteinpflaster hoppeln.

Rahmenmaterial – allgemeine Aspekte

Einsteigerrennräder sind leider nur noch sehr selten mit Stahlrahmen erhältlich. Leider deshalb, weil die Hersteller trotz aller Mühe keinen Aluminiumrahmen mit der gleichen Stabilität, Langlebigkeit und guten Fahrbarkeit hinbekommen. Falls möglich, sollte man sich anfangs immer einen Stahlrahmen beschaffen – er hält mehrere Jahre und kann später als Wintertrainer benutzt werden, wenn ein teures Zweitrad gekauft worden ist. Reynolds, Deda, Columbus und True Temper stellen exzellente Stahlrohre für Fahrradrahmen her, die noch nicht einmal schwerer als Leichtmetallrahmen sein müssen – Deda Zero One ist genauso leicht wie vergleichbares Aluminium. Heutzutage können 8 kg leichte Stahlrohr-Rennräder gebaut werden.

Aluminium ist das günstigste Material zum Bau von Fahrrädern, und daher wird der Markt auch von Tausenden unterschiedlicher Marken und Modelle überflutet. Der Vorteil dabei ist, dass dies den Wettbewerb stärkt und man viel für sein Geld bekommen kann; andererseits können solche Rahmen sehr steif und unbequem sein und werden zumeist nur in wenigen Größen (oft nur in Klein, Mittel und Groß) angeboten. Vor dem Kauf eines solchen Modells ist immer genau auf die Geometrie zu achten, da manche Rahmen nach sehr seltsamen Vorgaben gefertigt werden. Die Ziffern hinter der Materialbezeichnung beziehen sich auf die Legierung, ein »T« weist auf eine Wärmebehandlung hin – z. B. ist 7075-T6 ein besonders festes und leichtes Material, das nach dem Verschweißen erhitzt wurde, um eine maximale Stabilität zu erzeugen; zudem sind solche Rohre oft in der Mitte dünner als an den Enden (konifiziert), um Gewicht zu sparen. Mancher billige Alurahmen ist weder konifiziert noch wärmebehandelt, sodass er entweder schwerer (bei gleicher Festigkeit) oder instabiler (bei gleichem Gewicht) ausfällt. Aluminiumrohre von Deda, Easton und Columbus gelten als die besten auf dem Markt. Aluminium muss nicht immer unkomfortabel sein: Von Rahmen aus Easton-Leichtmetall wird sogar behauptet, sie führen sich wie Stahl.

Titan ist leicht wie Aluminium, haltbar wie Stahl, und ein großartiges Material für den Rahmenbau. Allerdings lässt es sich nur sehr schwierig schweißen – und ist daher sehr teuer. Nur sehr wenige Rahmenbauer sind in der Lage, einen guten Titanrahmen herzustellen. In der Vergangenheit gab es einige Hersteller, die meinten, mit dem schwierigen Material klarzukommen – Vorsicht bei Titanrahmen-Schnäppchen! Titan ist ein High-End-Material, und als solches sollte es auch preislich betrachtet werden. Wer sehr viel Geld in die Basis seines neuen Sportgerätes steckt, darf natürlich auch bei den Laufrädern und Komponenten nicht sparen.

Kohlefaser-Kunststoff hat sich rasch als Rahmenmaterial etabliert. Es ist stabil, es wiegt wirklich wenig, es kann Vibrationen absorbieren, und es ist flexibel – es hat

Allgemeine Materialhinweise
- Billiger Stahl – Einsteiger-, Alltags- und Trainings-räder
- Teurer Stahl – Touring-, Cyclo-Cross-, Audax- und Langstreckenräder
- Billiges Aluminium – Einsteigerstraßenräder
- Teures Aluminium – teure Rennräder, spezielle Cyclo-Cross-Bikes, Bahnrenner und Zeitfahrräder
- Titan – komfortable Rennräder und exotische Straßenräder
- Billiger Kohlefaser-Kunststoff – Einsteigerrenn-räder
- Teurer Kohlefaser-Kunststoff – Rennräder für leichte Fahrer

also alle Qualitäten für ein überragendes Straßenfahr-rad. Viele Leichtmetallräder sind mit Carbon-Segmenten ausgerüstet. Zahlreiche Hersteller haben Kohlefaserrah-men im Programm, weil sie sich einfach gut verkaufen, leicht und stabil sind. Wer allerdings ein lange Zeit zuverlässiges und nicht allzu teures Rennrad sucht, sollte auf andere Materialien ausweichen.

Gabel-Material

Die meisten Gabeln bestehen heute aus Kohlefasern. Sie sind stabil und leicht, und sie stecken kleine Unebenheiten der Fahrbahn gut weg. Kohlefasergabeln müssen nach jedem Sturz genau untersucht und beim kleinsten Hinweis auf Beschädigungen ersetzt werden. Viele Mechaniker empfehlen, Carbongabeln generell nach zwei oder drei Jahren auszutauschen.

Gabeln aus Stahl empfehlen sich für Leute, die viel Zeit im Sattel verbringen oder etwas stabiler gebaut sind.

Radstand

Ein kurzer Radstand macht das Rad reaktionsschneller, und ein kompaktes hinteres Rahmendreieck verbessert die Steifheit – beides geht jedoch auf Kosten des Komforts. Extrem kurze Radstände in Verbindung mit leichten Stahlrahmen waren bei Rennfahrern einmal sehr populär, doch in Zeiten der Aluminium- und Carbonräder sind sie

selten geworden. Lange Radstände sorgen für etwas mehr Gewicht und erschweren ruckartige Richtungswechsel, doch sie bieten höchsten Komfort und nehmen besser Stöße auf. Für Leute, die nicht Rennen fahren wollen, sind Rahmen mit langen Radständen und vielleicht noch etwas Platz für Schutzbleche die bessere Wahl.

Rahmen-Messpunkte

Die Maße von Fahrradrahmen werden heute zwar generell in Zentimetern angegeben, leider haben sich die Hersteller jedoch nie auf eine standardisierte Methode einigen können. Manche messen von der Mitte des Tretlagers bis zur Oberseite des Oberrohrs (Center-to-Top oder C-T), andere von der Mitte des Tretlagers zur Mitte des Oberrohrs (Center-to-Center oder C-C), sodass die Bestimmung der exakten Größe besonders bei Gebrauchtrahmen ein echter Alptraum werden kann. Die Länge des Oberrohrs wird jedoch von den meisten Herstellern auf die gleiche Weise gemessen: von der Mitte des Sattelrohrs zur Mitte des Steuerrohrs; somit ist dies der bessere Wert zur Ermittlung der Rahmengröße. Wenn es um die korrekte Anpassung des Fahrrades geht, ist die Oberrohrlänge sehr wichtig. Die Sattelrohrlänge kann leicht mit der Sattelstütze ausgeglichen werden, der Abstand vom Sattel zum Lenker dagegen nur in begrenztem Maße (weitere Details zu Rahmenmaßen finden sich unter dem Punkt Sitzposition auf den Seiten 22 bis 28).

Komponenten

Viele Seiten dieses Buches beschäftigen sich mit der Montage und der Einstellung der Komponenten. Ich habe mich dabei auf Standardgruppen und Wettbewerbskomponenten beschränkt, doch es besteht weiterhin der Trend zu immer leichteren (und daher immer teureren) Teilen, die zwar von der Technologie her interessant sind, allerdings sehr viel Aufmerksamkeit und Wartung erfordern, um zuverlässig zu funktionieren. Mein Rat lautet: Geld sparen und härter trainieren (und dabei selbst Pfunde verlieren), um schneller zu werden. Wer solide Standardausrüstung verwendet, statt sich mit der Feile an bereits sehr leichtes Material zu machen, liegt bei den Punkten Sicherheit und Zuverlässigkeit auf jeden Fall weit vorne.

2

Werkzeug

Ich habe mit den Jahren etliche Fahrräder besessen, und dabei hat sich auch ein ziemlich umfangreiches Werkzeugsortiment angesammelt. Die Fahrräder kommen und gehen, doch mein Werkzeug kann gern ein Leben lang halten. Und deswegen kaufe ich immer gutes Qualitätswerkzeug. Spezielles Fahrradwerkzeug ist teuer, doch es macht komplizierte Arbeiten zu einem Kinderspiel; zudem stellt es sicher, dass man seine neuen Komponenten nicht beschädigt oder sich selbst verletzt. Die Arbeit mit billigem Werkzeug endet oft in Notlösungen – ein hochwertiges Fahrrad verdient auch entsprechendes Werkzeug.

Die eigene Werkstatt

Die Werkstattausstattung

Die meisten Heimarbeiten lassen sich schon mit einem moderaten Kostenaufwand erledigen. Rahmenwerkzeuge, Spezialwerkzeuge und Schneidwerkzeuge sind etwas teurer, doch mit der Zeit rentieren auch sie sich. Bis das nötige Werkzeug vorhanden ist, gilt der Rat, seine Komponenten bei einem örtlichen Händler zu kaufen und montieren oder reparieren zu lassen. Wenn man selbst dann einige Fähigkeiten erworben hat, kann man darüber nachdenken, wie viel Zeit man in der Werkstatt des Händlers verbringt und was einen die notwendigen Werkzeuge kosten würden.

Eine Grundausstattung für die meisten anfallenden Arbeiten sollte die folgenden Werkzeuge umfassen:

- Inbusschlüssel in den am häufigsten benutzten Größen 1,5 mm; 2 mm; 2,5 mm; 3 mm; 4 mm; 5 mm; 6 mm; 8 mm; 10 mm
- Luftpumpe
- Kettenreiniger
- Reinigungsbürsten
- Spitz- und Flachzange
- Seitenschneider
- Schraubendreher (Schlitz und Kreuzschlitz, verschiedene Größen)
- Kunststoff- oder Holzhammer und Schlosserhammer
- Maulschlüssel-Satz von 6 bis 24 mm
- Zahnkranz-Arretierwerkzeug (Kettenpeitsche)
- Kettentrenner und Vernietwerkzeug (Werkstattqualität)
- Bowdenzugzange
- Klemmkrallen-Einstellwerkzeug
- Rollgabelschlüssel (»Engländer«)
- Konusschlüssel (13, 15 und 17 mm)
- Pedalschlüssel
- Kettenlehre
- Drehmomentschlüssel (mehr Informationen auf Seite 17)
- Tretlagerwerkzeug (je nach Ausführung)
- Steuersatzschlüssel (optional)

- Laufrad-Zentrierständer
- Speichenschlüssel

Weiterhin sind folgende Werkzeuge sinnvoll:

- Metall-Bügelsäge
- Feilen (flach und rund)
- Steckschlüsselkasten

Werkzeuge für die Fortgeschrittenen-Werkstatt

Mit zunehmender Erfahrung und Zuversicht können der vorhandenen Ausrüstung die folgenden Werkzeuge hinzugefügt werden:

- Headset-Presse
- Headset-Abschlusskappen-Entferner
- Klemmkrallen-Entferner
- Klemmkrallen-Einstellwerkzeug
- Schaltaugen-Richtwerkzeug
- Gewindeschneider-Set
- Ausfallenden-Richtwerkzeug
- Gabelschaft-Schneideführung

Werkzeuge für Fortgeschrittene und Profis:
- Gabelschaft-Reibahle und Beschichtungs-Kit
- Tretlagergehäuse-Gewindeschneider
- Sattelrohr-Reibahle
- Rahmenrichtbank
- Kettenflucht-Messgerät
- Speichenspannungs-Messgerät

Unterwegs

Das Notfallwerkzeug sollte aus einem Satz Inbusschlüssel, einem kleinen Schraubendreher, Montierhebeln, einem oder zwei Schläuchen sowie einem Flick-Set bestehen. Dieser Satz sollte in einer Satteltasche untergebracht werden, damit man ihn nicht am Körper mit sich herumschleppen muss. Für längere Fahrten empfehlen sich zusätzlich ein Kettenwerkzeug, ein Speichenschlüssel, ein verstellbarer Gabelschlüssel (»Engländer«) und ein paar Kleinteile wie Schrauben, Muttern, Kabelbinder, Schraubnippel, Reifenventile, Bremsbeläge sowie ein Kettenschloss.

Werkzeug-Tipps für unterwegs

- Ersatzspeichen können an den Rahmen geklebt oder ins Sattelrohr gesteckt werden.

- Für schnelle Reparaturen sind flexible Speichen sehr nützlich, da sie in die Speichenlöcher der Nabe eingehängt und nicht durchgeschoben werden – so muss am Hinterrad nicht die Kassette demontiert werden.

- Das Notfallwerkzeug sollte immer am Rad verbleiben. Würde man zu Hause Teile davon herausnehmen, blieben die Montierhebel garantiert auf dem Küchentisch liegen, während man sie unterwegs wirklich gut gebrauchen könnte ...

- Einen Speichenschlüssel am Schlüsselbund hat man immer dabei und muss ihn nicht lange suchen.

- Werkzeug-Kits können in alte Trinkflaschen gestopft und so an einem zweiten Flaschenhalter gesichert werden (gut mit einem Gummiband und mit Lappen umwickeln). Solche »Werkzeug-Flaschen« werden auch kommerziell angeboten.

- Bei Gruppenausflügen muss nicht jeder alles dabei haben. Sinnvoll aufgeteiltes Werkzeug hilft Platz und Gewicht zu sparen.

Werkstattausrüstung

Eine speziell eingerichtete eigene Werkstatt ist zwar der reine Luxus, doch Reparaturen in der Küche sind auch keine gute Idee. Hier sind einige Tipps zum Einrichten einer Werkstatt zu Hause.

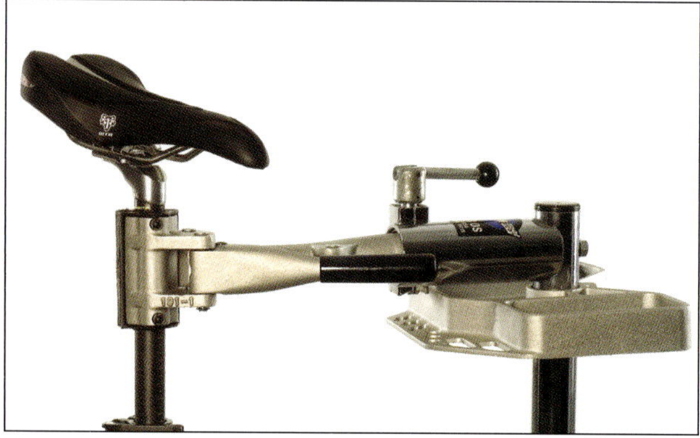

1 Ohne einen stabilen Montageständer geht gar nichts. Gute Modelle lassen sich an der Wand oder einer stabilen Werkbank befestigen, sodass auch Arbeiten mit dem Hammer oder starken Drehmomenten durchgeführt werden können, ohne dass das Fahrrad umherhüpft.

2 Eine Unterlage (z. B. ein alter Teppich) hält im Winter nicht nur die Füße warm, sondern saugt auch Öl und Reinigungsmittel auf und dämpft herunterfallende Teile.

3 Haken und verriegelbare Ankerpunkte sorgen dafür, dass ein Fahrrad nicht umkippt und beschädigt wird.

4 Eine stabile Werkbank erleichtert kraftaufwendige Arbeiten wie die Montage von Headset-Teilen oder das Nachschneiden von Gewinden deutlich. Ein Werkzeugbrett erleichtert das schnelle Auffinden des richtigen Schlüssels. Empfindliche Werkzeuge und Messgeräte sollten in Schubladen gelagert werden. Eine entsprechend vorbereitete Werkzeugkiste kann für Notfälle auch zu Veranstaltungen mitgenommen werden.

Werkstattpraxis

Gesundheit und Sicherheit
Schmiermittel, Bremsflüssigkeit, Fettlöser und Reinigungsmittel können sehr gesundheitsschädlich sein. Beachten Sie die Hinweise auf den Verpackungen, und tragen Sie je nach Bedarf Handschuhe und Atemschutz; bei Arbeiten mit Schleif- oder Bohrmaschinen muss eine Schutzbrille getragen werden. Ein wichtiger Verletzungsschutz ist der Einsatz von gutem Werkzeug (Seiten 17 und 18).

Gebrauchsanweisungen
Das Lesen von Anleitungen und Hinweisen sollte selbstverständlich sein, muss aber immer wieder betont werden. Garantieanträge werden von Herstellern abgelehnt, wenn bei der Montage Fehler gemacht wurden. Selbst die einfachsten Komponenten sind mit Herstellerhinweisen versehen, nach denen man sich richten sollte. Benutzen Sie die empfohlenen Werkzeuge und Anzugsdrehmomente. Fragen Sie im Zweifel beim Händler oder dem Hersteller nach. Kleinste Fehler können teure Folgen haben.

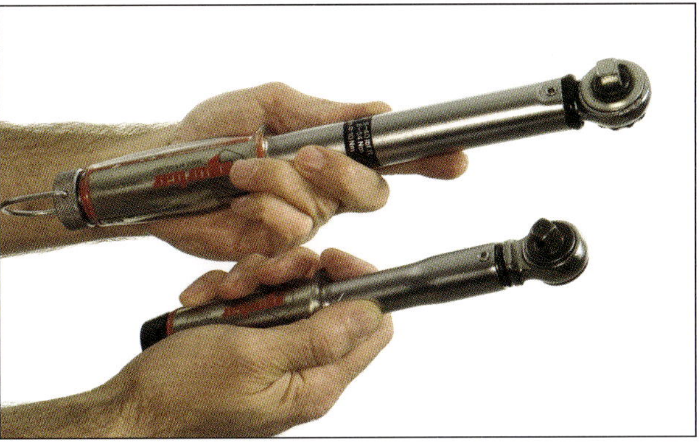

5 Ein Schraubstock muss fest und sicher auf einer stabilen Werkbank befestigt werden. Ein Schraubstock ist für Arbeiten an Naben und dem Steuersatz unerlässlich, ein Paar austauschbarer weicher Backen aus Aluminium oder Kunststoff hilft beim Halten empfindlicher Komponenten.

6 Der Laufrad-Zentrierständer sollte möglichst auf der Werkbank befestigt sein. Ein stabiler Zentrierständer erleichtert das Richten eines Rades deutlich. Wer erlernen will, wie Räder aufgebaut werden, oder auch nur seine Zentrierkenntnisse verbessern will, kommt um eine solche Haltevorrichtung nicht herum.

8 Drehmomentschlüssel sind beim Zusammenbau von Flugzeugen, Kraftfahrzeugen und Maschinen unerlässlich, denn sie ermöglichen es den Monteuren, Schrauben und Muttern mit dem »vom Hersteller empfohlenen Anzugsdrehmoment« festzuziehen – also sind sie auch beim Fahrrad sehr nützlich. Diese Ausführung ist einfach einzusetzen – am Griffende wird der gewünschte Anzugswert in Newtonmetern (Nm) eingestellt, dann der korrekte Steckschlüssel aufgesteckt und schließlich die Schraube oder Mutter angezogen bis es klickt. Da Drehmomentschlüssel über bestimmte Einstellbereiche verfügen, müssen eventuell zwei solcher Werkzeuge angeschafft werden.

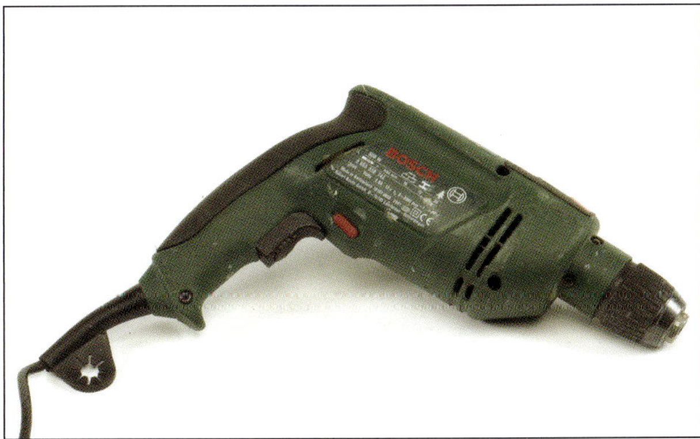

7 Eine elektrische Bohrmaschine hilft bei Rahmenreparaturen und dem Ausbau festsitzender Pedalhakenbolzen. Eine auf der Werkbank befestigte Schleifmaschine hilft bei der Reparatur und dem Umarbeiten von Komponenten. Bei der Arbeit muss auf jeden Fall eine entsprechende Schutzausrüstung getragen werden (siehe Gesundheit und Sicherheit auf Seite 16).

9 Preiswerte Drehmomentschlüssel »verbiegen« sich beim Anziehen, während ein Zeiger auf der angebrachten Skala das aktuelle Anzugsmoment anzeigt. Die Schwierigkeit liegt darin, beim kräftigen Anziehen die Skala ablesen zu können. Bei der Montage von Komponenten muss unbedingt das korrekte Anzugsdrehmoment beachtet werden, da kein Hersteller eine Garantie für Beschädigungen durch zu festen Anzug leistet. Andererseits dürfen Bauteile aus Sicherheitsgründen auch nicht zu locker befestigt werden. Erfahrene Mechaniker benutzen immer Drehmomentschlüssel – kein Profi baut ein Fahrrad ohne ein solches Werkzeug auf.

10 Eine gute Standluftpumpe ermöglicht ein schnelleres Befüllen der Reifen und eine genauere Kontrolle als Minipumpen. Bei den Manometern gibt es jedoch qualitative Unterschiede, sodass der Druck mit einem zusätzlichen präzisen Prüfgerät kontrolliert werden sollte.

11 Ein modernes Fahrrad erfordert zahlreiche unterschiedliche Schmiermittel, um wirklich gut und verschleißarm zu funktionieren:

- Kupferpaste – ein Fett mit kleinsten Kupferpartikeln, das verschiedene Metalle daran hindert, sich »kalt zu verschweißen«. Besonders die Gewinde von Titan-Schrauben müssen damit eingefettet werden.
- Anti-Seize-Montagepaste für große Gewinde und Komponenten, die lange Zeit miteinander verbunden bleiben sollen (Sattelstütze, Innenlagergewinde, Aheadset-Abschlusskappen und Pedalgewinde).
- PTFE (Teflon-)Trockenschmiermittel – bietet sich besonders im Sommer sowie bei der Montage (auch von Bremssattelzapfen) an.
- Allwetter-Schmiermittel – hält auch bei nasser Witterung und lässt sich nicht so leicht abwaschen wie Trockenschmiermittel.
- Silikon-Schmiermittel – für schwer zugängliche bewegliche Teile wie Pedal- und Radlager.
- Wasserfestes Fett – für Komponenten, die lange Zeit ignoriert werden, z. B. Aheadset-Lager.
- Entfetter – zum Reinigen beweglicher Teile und Komponenten, die sich mit Straßenschmutz zugesetzt haben.
- Fahrradreiniger – zum Säubern von Reifen, Rahmenrohren und Sätteln.
- Kriechöl – zum Lösen festsitzender Sattelrohre und hartnäckiger Tretlager. Vorsicht: Lackoberflächen können angegriffen werden!

3
CAT EYE

Nach dem Kauf muss das Fahrrad von der Werkstatt des Händlers sorgfältig eingestellt und überprüft werden. Hierbei können persönliche Wünsche berücksichtigt werden, und der Mechaniker wird dafür sorgen, dass die Schaltung und die Bremsen schließlich gut zu bedienen und korrekt eingestellt sind. Somit ist das Rad – theoretisch – einsatzbereit.

Am wichtigsten ist aber, dass das Fahrrad überhaupt zu einem passt und kein Spontankauf ist, der für die Körpergröße oder den gewünschten Einsatzzweck absolut ungeeignet ist.

Aber auch wenn das Fahrrad das richtige ist, müssen immer noch Kleinigkeiten angepasst werden, um es perfekt einsetzen zu können. Alles muss gewartet werden, damit kein erhöhter Verschleiß auftritt – auch wenn der Händler einem eine Erstinspektion angeboten hat. Dieses Kapitel umreißt, welche Grundlagen man kennen muss, um sich und sein Fahrrad ohne teure Missgeschicke auf der Straße zu halten.

Die Grundlagen

Position – Kontaktpunkte (Sattel und Lenker)

Größenbestimmung

Wie bereits auf den Seiten 6 und 7 besprochen, sollte ein seriöser Händler in der Lage sein, einem bei der Bestimmung der korrekten Rahmengröße zu helfen. Und wie bei allen größeren Anschaffungen sollte man sich dazu einige Gedanken machen. Die Standardsitzposition sollte zuallererst bequem sein, sodass man sich entspannt fühlt und frei bewegen kann. Es geht immer darum, dass ein Fahrrad eine Erweiterung des Körpers ist, also muss es perfekt sitzen. Vor allem muss man ehrlich gegenüber seinem Anspruch und seiner körperlichen Verfassung sein. Wer also gerade losgehen und vielleicht mehrere Tausend Euro ausgeben will, sollte einen Moment innehalten und sich vorher die folgenden Fragen beantworten:

- Entspricht das Rad meinem eigenen Fahrstil? Erfüllt es meine Ansprüche und ist es für den von mir bevorzugten Bereich des Radsports geeignet?
- Entspricht das Rad in seinen Einstellmöglichkeiten den Vorgaben meines Körperbaus?
- Treten beim Fahren des Rades irgendwo Schmerzen auf?

Die Antworten auf diese Fragen können Hinweise darauf geben, ob man das betreffende Rad nur wegen der Optik oder auch aufgrund seiner Funktion kaufen will. Sie können auch deutlich machen, dass man sich vielleicht nicht in der körperlichen Verfassung befindet, um das Rad optimal zu nutzen.

Professionelle Radrennfahrer sind höchst anspruchsvoll. Der berühmte Eddy Merckx war mit der Sattelhöhe so pingelig, dass er oft ein Werkzeug mitführte, um den Sattel »im Fluge« – also bei Bergabfahrten – nachzujustieren. Und bis heute hat sich nicht viel geändert – nur braucht man für viele Einstellungen kein Werkzeug mehr mitzunehmen.

Profis haben den Anspruch, ihr Talent und ihre Fähigkeiten zu hundert Prozent auf den Asphalt zu bringen.

Und um es überhaupt bis ins Profi-Lager zu bringen, muss man in der Lage sein, ein Fahrrad sehr schnell über sehr lange Strecken zu bewegen – keine leichte Aufgabe.

Die körperliche Flexibilität und Stärke, jedes Jahr bis zu 40 000 Kilometer zu fahren, sind in so starkem Maß erarbeitet, dass die Einstellung eines Profi-Sportgerätes niemals zu Leuten passt, die nur einen Bruchteil dieser Entfernung fahren. Man sollte sich also um eine realistische Einstellung zu den eigenen Möglichkeiten und dem

Weltrekord-Athleten wie Graeme Obree sind sehr flexibel und können ihren Körper in eine absolut aerodynamische, aber auch äußerst unbequeme Position bringen. Jeder Radsportler muss seine Möglichkeiten diesbezüglich ehrlich einschätzen.

dazu passenden Fahrrad bemühen – alles andere kann einem sonst jeden Spaß verderben.

Die richtige Abstimmung

Die Einstellung der Sattelhöhe ist keine Geheimwissenschaft. Man kann es selbst machen oder sich von einem erfahrenen Fahrer helfen lassen. Professionelle Einstellungen und Analysen sind sehr populär und überall erhältlich, sodass man sich nur einen Termin geben lassen muss. Physiologen können zudem die eigenen Bewegungen auf dem Rad studieren, und ein versierter Rennrad-Ausstatter sollte mit den unterschiedlichsten Körpertypen und Anspruchshaltungen Erfahrungen haben, sodass sich ein Besuch bei ihm lohnt, bevor man viel Geld für einen Rahmen in der falschen Größe ausgibt.

Anpassung

Bis man sich an ein neu eingestelltes Fahrrad angepasst hat, vergehen einige Wochen. Und deswegen verstellen routinierte Fahrer die Höhe ihrer Sättel oder ihre Pedalhaken auch nur in sehr kleinen Schritten, damit ihre Körper keine »Nachbeben« durch massive Veränderungen erleben. Aus diesem Grund muss generell versucht werden, möglichst lange bei einer Einstellung zu bleiben, damit Schmerzen vermieden und die Muskeln an die Anforderungen angepasst werden. Es ist nicht einfach, bei unterschiedlichen Fahrrädern die gleichen Einstellungen

1 Videoaufzeichnungen von einer Turbo-Trainingseinheit zeigen jegliche Abnormalität und jedes Problem bei seiner Entstehung auf. Es reicht, wenn sich der Mensch hinter der Kamera einige Minuten auf verschiedene Körperteile konzentriert. Beim Anschauen kann man beobachten, wie sich mit steigender Trainingsintensität »schlechte Gewohnheiten« einstellen: Der Rumpf beginnt von einer Seite zur anderen zu rollen, die Schultern können zu schaukeln beginnen, und sich seitlich bewegende Hüften können dafür sorgen, dass die Füße über die Pedale hinausreichen. Wahrscheinlich wird man auch im Sattel immer weiter nach vorne (oder hinten) rutschen. Anhand der Aufnahmen lässt sich erkennen, wie das Fahrrad angepasst werden muss, um diese Gewohnheiten abzustellen – vielleicht reicht bereits ein etwas höher oder tiefer eingestellter Sattel.

2 Ein Blick auf das Lenkerband reicht: Wo ist es am stärksten verschlissen? Wo verbringen die Hände die meiste Zeit? Die meisten Fahrer halten ihre Hände oben an den Hebelhaltern, um rascher bremsen und schalten zu können. Wer feststellt, dass er die meiste Zeit mit ausgestreckten Armen fährt und den Lenker nur mit den Fingern berührt, wird wahrscheinlich auf einem zu langen Rahmen sitzen.

hinzubekommen, doch sollte man immer versuchen, möglichst ähnliche Setups zu haben.

Sattelhöhe

Straßenweltmeister Tom Boonen gab einmal zu, dass er seine optimale Sattelhöhe nur durch einen Fehler gefunden habe. Seine Sattelstütze war zwei Zentimeter verrutscht, und er entdeckte, dass diese Position leistungsfähiger und komfortabler war als seine zuvor »korrekt errechnete« Sattelhöhe. Solche Dinge sind bezeichnend, und viele wissenschaftliche Studien haben gezeigt, dass es Fälle gibt, bei denen die Einstellung durch das Gefühl und die Erfahrung verbessert werden konnte.

Computeranalysen und Beinmuskelmessungen werden einem nicht wesentlich weiterhelfen – und das Finden der perfekten Sattelhöhe nur verlängern. Um seine

3 Das Fahrrad sollte vor dem Start genau betrachtet werden, um die Einstellung aller Komponenten zu überprüfen. Die folgenden entscheidenden Maße sollten ermittelt und notiert werden:

a) Mithilfe einer ausreichend langen Wasserwaage sowie eines Lineals wird gemessen, wie tief das Lenkerrohr unterhalb des Sattels liegt. Der Wert sollte nicht mehr als 10 cm betragen (die Werte für Profi-Rennmaschinen dürfen hier einmal ignoriert werden); am Anfang der Karriere sollte der Höhenunterschied so gering wie möglich sein.

 b)
Der Abstand zwischen Sattelspitze und Lenker (oder dem Ende des Vorbaus) wird durch die Länge des Körperrumpfes sowie die Länge und die Spannweite der Arme definiert – er kann aber auch abhängig vom Lenker und den Komponenten enorm variieren.

c)
Der Abstand zwischen der Mitte des Tretlagergehäuses und dem Sattel (die Sattelhöhe) ist sehr wichtig.

d)
Weitere Angaben:
- Kurbellänge
- Lenkertyp; Breite, Umfang und Winkel der Enden
- Länge des Vorbaus

tatsächliche Sitzposition einschätzen zu können, kann man verschiedene Dinge selbst erledigen:

Sattelhöhe

Zur Bestimmung der korrekten Sattelhöhe gibt es viele Techniken. Im Allgemeinen hat man durch die festgelegte Beinlänge nur einen kleinen Spielraum. Ziel ist es, die Hüften so still wie möglich zu halten. Wenn die Hüften seitlich schaukeln, wird der Sattel zu hoch sein (siehe

unterschiedliche Beinlängen und Haltungsprobleme auf Seite 25).

Lenkerhöhe

Sitzt der Lenker zu tief? Dann entspricht das Rad dem aktuellen Trend bei Rennrädern. Durch die Aheadsets ragen die Vorbauten nur wenig über die Steuerrohre hinaus, und dies vergrößert zugleich den Abstand zwischen dem Sattel und dem Vorbau. Ergebnisse eines zu tief angebrachten Lenkers sind normalerweise Nackenschmerzen durch eine unnatürliche Kopfhaltung.

Andere Faktoren

Außer der Einstellung des Rades haben noch andere Punkte großen Einfluss auf den Fahrkomfort:

Bierbauch

Ein kräftiger Bauch behindert die Beweglichkeit, da die

Beine bei jeder Pedalumdrehung darum herumbewegt werden müssen. Ein sehr tief oder weit vorne montierter Lenker verstärkt diese Behinderung. Deswegen fahren »kräftigere« Leute oft sehr O-beinig. Zusätzliches Gewicht stört nicht nur beim Anstieg am Berg, sondern führt auch zu einer äußerst ineffizienten Kraftentfaltung. Als Ergebnis können Kniegelenkprobleme auftreten.

Schlechte Flexibilität

Radfahrer sind hartnäckige Stretching-Verweigerer – obwohl dies die wirklich simpelste Art ist, Verletzungen und Haltungsprobleme zu vermeiden.

Muskelschwäche, muskuläre Unausgeglichenheit oder Verletzungen

Nach einer Physiotherapie oder Osteopathie ist ein Aufbautraining mit Ergänzungs- oder Rehabilitationsprogrammen notwendig.

Frühere Verletzungen

Manchmal ist ein Besuch beim Facharzt sinnvoll, damit beim Besteigen des neu eingestellten Fahrrades keine »alten Wunden« aufreißen (Haltungsschäden, Gelenkverschleiß etc.).

Plötzliche Schädigungen

Stürze oder Unfälle können die Einstellung ernsthaft beeinflussen – also alles sorgfältig auf Beschädigungen untersuchen.

Angeborene Probleme

Wie man auf seinem Fahrrad sitzt, lässt sich nicht sehr stark verändern. Möglicherweise hat man eine untypische Körperform, sodass nur ein individuell angefertigter Rahmen hilft.

Haltungsprobleme

Den ganzen Tag lang zu sitzen oder zu stehen sorgt für einseitige Belastungen des Körpers. Radsport ist zwar im Prinzip eine recht ausgeglichene Belastung für den ganzen Körper, doch können aufgrund einer falschen Positionierung bestimmte Regionen überlastet werden.

Unterschiedliche Beinlängen

Aufgrund eines Hüft- oder Rückenleidens können die Beine unterschiedlich lang sein. Unzählige Stunden im Sattel können das Leiden verstärken, sodass auch hier Rat bei einem Arzt oder Experten gesucht werden sollte.

Pedale und ihre Ausrichtung

Es gibt Dutzende unterschiedlicher Pedalsysteme, und alle haben ihre Vorzüge. Heute verwenden die meisten Radsportler Klickpedale, obwohl manche Sprinter weiterhin Haken und Riemen bevorzugen, um auch beim kräftigsten Einsatz einen festen Kontakt sicherzustellen.

Pedalbindungen müssen regelmäßig auf Verschleiß und Verzug sowie Festigkeit der Schrauben überprüft werden. Verschlissene Klemmen können seitlich wackeln und so die Wirksamkeit reduzieren und sich plötzlich lösen. Auch die Füße müssen gut gesichert sein. Wackelnde Füße verschwenden Energie und können zu Schäden an Fuß-, Knie- und Hüftgelenken führen.

Pedalbindung – Vor- und Nachteile

Wer einmal versucht hat, mit flach auf den Stufen stehenden Füßen eine Treppe zu besteigen, merkt sofort, dass der Mensch dazu gemacht ist, mit den Fußballen zu klettern, da er nur auf diese Weise alle seine Muskeln optimal nutzen kann. Aus diesem Grund muss der Ballen direkt über der Pedalachse positioniert sein. Nur so kann die gesamte Beinarbeit in Vortrieb umgesetzt werden.

Orthopädie und Einlagen

Pedalbindungen können eingestellt und verändert werden, und orthopädische Einlagen zur Korrektur der Fußsohle können helfen, die Kraft gleichmäßiger auf die Pedale zu verteilen. Dies kann zudem die Gelenke ausrichten und – manchmal gleichzeitig – die Wirksamkeit des Krafteinsatzes verbessern und Haltungsprobleme verringern. Für den Radsport ist dies eine ziemlich neue Wissenschaft, aber genauso wie sie Läufer bei der Auswahl ihrer Schuhe beeinflusst, beeinflusst die Fußsohle das Fahren mit dem Rad. Ein Orthopäde kann vielleicht Ratschläge geben. Speziell angepasste Schuhe werden auch im Radsport immer wichtiger.

Spezielle Einstellungen

Bis hierher haben sich die meisten Einstellungsinformationen auf Straßen-Rennräder bezogen, doch nun kommen die wichtigsten Aspekte bei anderen Disziplinen.

Klettern

Die Kletterposition ist normalerweise etwas aufrechter. Tour-de-France-Teilnehmer verlängern zudem oft ihren Vorbau, um bei langen Steigungen weiter nach vorne zu greifen und tiefer durchatmen zu können.

Cyclo-Cross

Eine etwas höhere Lenkerposition kann hier bedeuten, dass auch der Sattel etwas angehoben werden muss. Allerdings übernehmen die meisten Cross-Fahrer einfach die Positionen ihres Straßenrades. Der Lenker kommt durch einen kürzeren Vorbau oft etwas näher an den Körper, da diese Position eine bessere Kontrolle bei niedrigen Geschwindigkeiten und schnelleres Lenken ermöglicht. Cross-Fahrer arbeiten normalerweise sehr hart an ihrer Technik, und daher wird auch penibel an der Einstellung gewerkelt, um die beste Kombination aus gutem Handling bei niedrigem Tempo und Komfort hinzubekommen – und auf aerodynamische Feinheiten verzichtet.

Zeitfahrräder

Aerodynamische Verbesserungen sind im Radsport sehr angesagt, dennoch werden die meisten Fahrer zustimmen, dass bei aller Windschlüpfigkeit der Komfort nicht zu kurz kommen darf. Bevor man sich Gedanken über Scheibenräder, Aero-Helme und tropfenförmige Bremsbeläge macht, sollte erwähnt werden, dass ein gut eingestelltes Zeitfahrrad mit Speichenrädern und konventioneller Ausrüstung wahrscheinlich schneller ist als ein schlecht abgestimmtes Aero-Rad mit dem derzeit besten c_w-Wert. Wer vom Zeitfahren begeistert ist und sich verbessern will, sollte zuallererst den Komfort optimieren. Dann kann man mit seiner Position experimentieren und ein Leistungsmessgerät einsetzen, um zu sehen, welche Position am besten funktioniert. Lassen Sie Ihre Position von einem Profi begutachten – bauen Sie ein Fahrrad nicht einfach zusammen in dem Glauben, nur weil es gut aussieht, müsse es auch gut sein (mehr zum Aufbau eines Zeitfahrrades siehe Seiten 191 bis 193).

Bahnrenner

Auf dem Oval ist Leistung noch vor dem Komfort das Schlüsselelement, dennoch übertragen viele Langstreckenfahrer (die oft auch Straßenfahrer sind) die gleiche Position auf all ihre Räder. Der verbreitete Fehler liegt darin, die Sattelhöhe zum Zweck der Leistungssteigerung anzuheben, obwohl genau das Absenken es einem erlaubt, mehr Muskelkraft in die Pedale zu stemmen.

Für Sprinter ist die Lenkerhöhe aus aerodynamischen Gründen normalerweise niedriger, aber hier greift man sowieso kaum den Lenker oben (außer es wird Madison gefahren); somit muss dies bei der Einrichtung der Position beachtet werden. Sprinter fahren Geschwindigkeiten von über 80 km/h, sodass auch die Kontrolle über das Fahrzeug eine wichtige Rolle spielt. Daher darf auch nicht versucht werden, einen nach vorne abfallenden Vorbau und eine möglichst tiefe Lenkerposition zu montieren – stattdessen sollte lieber mit der Sprintposition experimentiert werden. Zurzeit heben Sprinter gerade ihre Lenker etwas an, damit sie ihre Lungen leichter füllen können und in der Lage sind, ihre Arme besser zu beugen. Zu lang und zu niedrig bedeutet, dass die Arme durchgestreckt werden müssen – und dies ist keine gute Sache beim Sprint, wenn die Fahrer ihre Räder über die Strecke prügeln.

Im Folgenden werden lediglich Hinweise gegeben, doch generell gilt: Jeder ist ein Individuum. Suchen Sie also persönlichen Rat bei einem professionellen Fahrradausrüster.

1 Begonnen wird mit der Ausrichtung des Sattels in der Waagerechten. Hat man danach das Gefühl, der Sattel müsste vorne etwas nach unten geneigt werden, kann das bedeuten, dass er einfach zu hoch sitzt. Ein tatsächlich vorne hoch gestellter Sattel sorgt für alle möglichen Probleme und wirkt auf langen Strecken unbequem.

2 Beim Griff an den Lenker sollten die Arme leicht gebeugt sein, während das Höhenverhältnis zwischen Sattel und Lenker sicherstellt, dass man mit einem relativ geraden Rücken sitzt. Ein kürzerer Vorbau erleichtert das Lenken, sorgt aber nicht unbedingt für eine bessere Kontrolle. Eine allzu verkrampfte Sitzposition kann verhindern, dass man sein Gewicht auf dem Sattel hin und her bewegen kann.

4 Zahlreiche Feineinstellungen am Rad können durch den Austausch von Komponenten wie dem Sattel oder dem Vorbau erfolgen. Nach jedem Wechsel muss eine Probefahrt unternommen werden. Erst wenn man mit der Einstellung wirklich glücklich ist, darf man das Geschäft verlassen.

3 Die korrekte Sattelhöhe lässt sich auf verschiedene Weisen bestimmen. Allgemeiner Konsens ist, dass die Beine nie ganz durchgedrückt werden sollen und die Hüften sich beim Pedalieren nicht hin und her wiegen dürfen. Allerdings gibt es hierbei größere Spielräume, sodass man seine Sattelhöhe anfangs gelegentlich von einem Fachmann kontrollieren lassen sollte.

Damenrad

Rennräder für Frauen sind speziell dem weiblichen Körperbau angepasst. Nach herrschender Auffassung haben Frauen im Verhältnis zu Männern tendenziell längere Beine und einen kürzeren Körper. Dies bedeutet, dass ein langes Oberrohr mit einem steiler stehenden Sattelrohr und einem kürzeren Vorbau ausgeglichen werden muss; ein kürzeres Oberrohr ist noch besser. Aus diesem Grund bieten viele Hersteller spezielle Rennräder für Frauen an. Sättel für Frauen sind meist breiter, um die weiter stehenden Sitzhöcker zu stützen. Zu schmaleren Schultern gehören weniger breite Lenker. Auch hier gilt: Den Laden erst verlassen, wenn das Rad wirklich komfortabel ist!

Finden der korrekten Sitzposition

Eine falsche Sitzposition kann zu vielerlei Problemen führen – besonders zu Rückenleiden. Hier sind einige Ratschläge aufgeführt, die helfen können, es richtig zu machen. Bitten Sie einen Freund, Ihnen zu helfen, machen Sie (mit Selbstauslöser) Fotos, oder besorgen Sie sich einen ausreichend großen Spiegel, um in die perfekt ausbalancierte Position zu gelangen.

Sattelhöhe

Zu niedrig

Dies bedeutet eine extreme Belastung der Knie. Bahn- und Zeitfahrer nutzen oft einen niedrigen Sattel, um auf kurzen Strecken maximale Leistung zu erzielen, doch auf langen Stecken muss in einer ausgeglichenen Straßenposition gefahren werden, wenn man nicht bald Knieprobleme haben möchte.

Zu hoch

Der Fahrer muss sich strecken, um die Pedale ganz heruntertreten zu können. Dadurch wird das Becken geneigt, und die unteren Rückenmuskeln werden unter Last gesetzt. Das gleiche Prinzip tritt ein, wenn man sich im harten Antritt stark vor und zurück bewegt.

Ziemlich richtig

Das Knie muss in der unteren Pedalposition noch leicht gebeugt sein. Eine einfache Kontrolle besteht darin, die Hacken auf das Pedal zu stellen und rückwärts zu treten. Stellt man jetzt fest, dass die Hüfte dabei stark von einer Seite zur anderen schaukelt, ist der Sattel zu hoch und muss so weit heruntergestellt werden, bis sich das Becken nur noch wenig bewegt. Wenn man jetzt die Ballen auf die Pedale stellt, sollte mit leicht gebeugten Beinen und ohne wiegende Hüften gefahren werden können.

Anmerkung: Die Sattelhöhe sollte nur in kleinen Stufen von etwa einem halben Zentimeter verstellt werden, bevor man sich wieder einige Wochen daran gewöhnt. Aus diesem Grund sollte die Sitzposition möglichst im Winter eingestellt werden, da man hier nicht regelmäßig fährt.

Vorbauposition

Zu kurz

Dies sorgt für einen gewölbten Rücken und eine Überlastung der unteren Rückenmuskeln. Es bedeutet auch, dass zu viel Gewicht auf dem Vorderrad liegt und so die Lenkung schwerfällig wird.

Zu gestreckt

Dies zwingt einen zum Strecken der Arme und zur Belastung des Nackens, um den Kopf hochzuhalten, was beides zu Schmerzen im unteren Rückenbereich führen kann. Das Handling ist unklar und die Lenkung etwas zu leichtgängig.

In etwa richtig

Eine ausgewogene Position bedeutet, dass man sich bequem strecken und seine Arme zum Absorbieren von Stößen beugen kann. Mit dem Vorbau in der richtigen Position ist das Körpergewicht besser auf dem Rad verteilt.

Sattelposition

Zu weit hinten

Dies hilft beim Anstieg in den Bergen und auf langen Fahrten, belastet aber stark den Nacken, die Arme und die Schultermuskeln.

Zu weit vorne

In dieser Position kann viel Kraft entfaltet werden, doch werden die größeren Muskeln stark belastet. Zudem kann in den Oberschenkeln Ermüdung und Anspannung entstehen.

In etwa richtig

Bei gerade nach vorn zeigender Kurbel muss die Linie zwischen der Mitte des Knies und der Pedalachse senkrecht sein. Dies kann mit einem Lot nachgeprüft werden.

Montage der Laufräder

Dank des erfindungsreichen italienischen Rennfahrers und Ingenieurs Tullio Campagnolo haben wir heute den Schnellspannhebel. Zu der Zeit, als Campagnolo selbst Rennen fuhr, mussten die Fahrer für eine Änderung der Übersetzung das mit zwei Ritzeln ausgerüstete und verschraubte Hinterrad umdrehen. Die Legende besagt, dass Campagnolo bei einem Rennen am Stilfser Joch aufgrund seiner kalten Hände nicht mehr in der Lage war, die Flügelmuttern zu lösen, die sein Rad sicherten – und dabei auf die Idee mit den Schnellspannern kam.

Heutzutage ist jedes normale Rennrad mit dem Mechanismus ausgerüstet, der Campagnolos Idee entsprungen ist. Das System ist bestens geeignet für schnelle Radwechsel, Reifenreparaturen oder den vereinfachten Transport des Sportgeräts im Auto.

Aber es muss auch gesagt werden, dass der Schnellspannmechanismus eine potenzielle Gefahr darstellt, wenn er nicht korrekt benutzt wird. Die meisten Vorderradschnellspanner haben eine etwas andere Technik als die am Hinterrad.

Wenn beide Räder ausgebaut werden, sollte das Vorderrad zuerst demontiert werden, da hierdurch der Ausbau des Hinterrades erleichtert wird und die Kette oder der Zahnkranz nicht den Boden berühren müssen.

Wichtige Anmerkung

Ein ausreichend angezogener Schnellspanner ist äußerst sicherheitsrelevant – und dieser Anzug muss regelmäßig vor und nach Ausfahrten überprüft werden. Auch ist Vorsicht geboten, wenn der Hebel in die Verschlussposition gebracht wird: Der Vorderradhebel muss hinter der Gabel liegen, wogegen der Hinterradhebel parallel zur Sattelstrebe positioniert sein muss – also zum Sattel zeigt. Dies erleichtert auch das Lösen der Hebel in Zeitnot.

Vorderrad

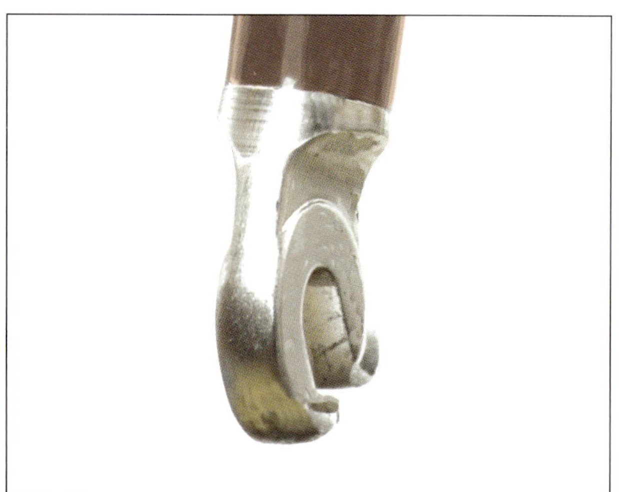

1 Verdickte Ausfallenden (»Advokatenlaschen«) entstanden, nachdem erste Unfälle durch geöffnete Schnellspanner eingetreten waren. Sie sorgten für Richtlinien die sicherstellten, dass ein Vorderrad auch bei nicht korrekt angezogenem oder gar ganz offenem Hebel nicht herausfällt.

2 Auch nach dem Öffnen des Hebels wird das Rad sich nicht aus der Gabel befreien lassen, sodass auf der anderen Seite der Achse die Mutter etwas gelockert werden muss. Wichtig ist hierbei, sich später daran zu erinnern, wie weit man sie gelockert hat, und dass sie nicht vollständig entfernt werden darf. Bei den meisten Rädern reicht es aus, die Mutter drei Umdrehungen zu lockern.

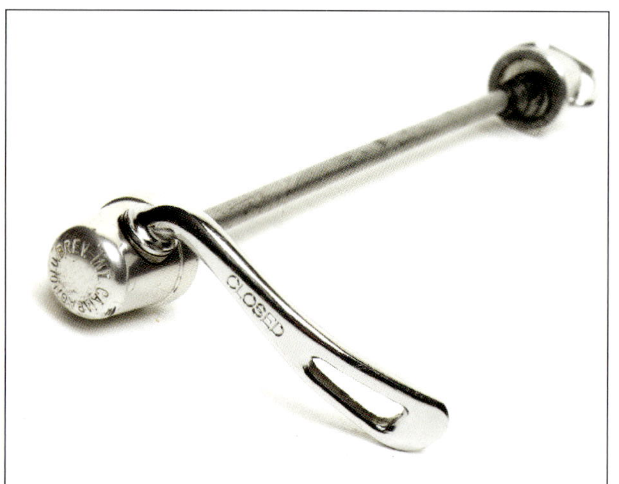

3 Die Feder innerhalb des Schnellspannmechanismus hilft sowohl beim Zentrieren der Mutter und des Hebels wie auch beim Befreien des Rades. So hat man die Hände frei zum Halten der Gabel und zur Positionierung des Rades.

4 Das Vorderrad muss exakt in den Ausfallenden sitzen, bevor der Hebel geschlossen werden kann. Aus diesem Grund ist es ratsam, Laufräder bei auf dem Boden stehendem Fahrrad einzusetzen – hierbei hilft das Gewicht des Rades, die Laufräder gleichmäßig in die Ausfallenden zu drücken. Beim Klemmen des Hebels sollte der Rahmen mit dem eigenen Körpergewicht heruntergedrückt werden.

Hinterrad

1 Vor dem Ausbau muss sichergestellt sein, dass die Kette auf dem kleinsten Ritzel und dem größten Kettenblatt liegt, denn so lässt sie sich einfacher vom Zahnkranz heben und später wieder auflegen.

2 Hinter dem senkrecht gehaltenen Fahrrad stehend, wird das Hinterrad mit den Beinen eingeklemmt und der Schnellspanner geöffnet.

3 Das Rad wird von der Kette im Rahmen gehalten, also muss der Umwerfer nach hinten gezogen werden, um es zu befreien. Die Kette sollte auf dem vorderen Ritzel liegen, sodass sie beim Einbau des Rades einfach wieder dort aufgelegt werden kann. Das Rad lässt sich jetzt leicht aus den hinteren Ausfallenden nehmen.

4 Für den Einbau muss der Umwerfer in der richtigen Position stehen. Legen Sie die Kette oben über das kleinste Ritzel, und positionieren Sie die Radnut in den Ausfallenden.

5 Ziehen Sie das Rad nach hinten hoch, damit es leicht in seine Position gleitet. Lässt es sich nicht leicht einführen, kann sich der Reifen in der Bremse verhakt haben oder der Umwerfer ist nicht in den letzten Gang geschaltet.

6 Beim Hinterrad sollte es nicht nötig sein, den Hebel oder die Mutter des Schnellspanners zu verdrehen; allerdings muss kontrolliert werden, ob der Hebel beim Schließen fest genug sitzt. Auch hier hilft das eigene Körpergewicht beim Zentrieren des Hinterrades im Rahmen.

Verschließen des Schnellspannhebels (beide Räder)

1 Nachdem das Rad in den Ausfallenden sitzt, wird die Mutter langsam angezogen, bis sich der Hebel zu setzen beginnt. Wenn der Hebel wie gezeigt nach unten parallel zum Ausfallende liegt, ist sichergestellt, dass er beim Schließen fest genug sitzt.

2 Der Hebel muss in dieser Position mit dem Anziehen beginnen, d. h. die Radnabe muss jetzt bereits fest zwischen den Ausfallenden sitzen.

3 Der Hebel sollte sich mit deutlicher Daumenkraft fest in seine Position drücken lassen (noch härteres Sichern würde zu Schwierigkeiten beim Lösen führen). Vor der ersten Fahrt muss geprüft werden, ob sich das Rad frei drehen lässt.

Diese Sequenz zeigt, wie der Umwerfer und die Kette positioniert werden, um das Rad in seine Position zu ziehen.

Der Mechaniker zieht das Rad in die hinteren Ausfallenden und sichert es mit dem Schnellspanner.

Erfahrene Mechaniker können Räder in Sekundenschnelle wechseln. Sie trainieren regelmäßig den Radwechsel für den Renneinsatz.

Fahrradtransport

Für den Transport eines Rennrades gibt es mehrere Optionen: im Kofferraum, auf einem Heckträger, auf dem Dachträger oder in einer Transporttasche – hier die Vor- und Nachteile:

Im Auto

Die sicherste Transportmöglichkeit für ein Rennrad ist hinten im Auto. Nachdem die Räder ausgebaut sind (siehe Seiten 29 und 30), werden die Kette und der hintere Umwerfer mit Lappen umwickelt, damit nichts schmutzig wird.

Das Fahrrad sollte möglichst als Letztes und oben auf alle anderen Dinge gelegt werden, die Räder kommen dabei unter den Rahmen. Es gibt spezielle Radbeutel (große Müllbeutel reichen meistens auch), um nasse Räder zu verpacken. Die Reifen dürfen nicht mit scharfkantigen Gegenständen in Berührung kommen, da sie an den Flanken besonders empfindlich sind.

Auf dem Dachgepäckträger

Zunächst müssen alle lockeren Gegenstände wie Trinkflaschen, Werkzeugtaschen oder Luftpumpen entfernt werden. Dann wird das Vorderrad in der Radklemme befestigt. Durch Schütteln der Gabel wird geprüft, ob es fest genug sitzt. Nun wird der Hinterradriemen befestigt – und fertig. Vor der Abfahrt sollte noch einmal geprüft werden, ob alle Riemen fest sitzen und nichts mehr auf dem Boden oder dem Autodach liegt.

Muss man zwischendurch anhalten, sollte das Rad am Halter mit einem Schloss gesichert sein (viele Träger sind bereits mit Schlössern ausgerüstet), zudem sollte der Träger selbst abschließbar am Auto befestigt sein. Schließlich noch ein Hinweis: Ein auf dem Autodach befestigtes Fahrrad passt in keine Garage – weder in eine Hoch- noch eine Tiefgarage. Auch auf Parkplätzen mit Höhenbeschränkung (gegen Wohnmobile) ist Vorsicht geboten. Bereits bei Schritttempo ruiniert man unweigerlich das Fahrrad, den Träger und vielleicht auch das Auto. Dennoch gibt es jedes Jahr Tausende, die dies nicht ohne Selbstversuch glauben!

Auf einem Heckträger

Von den meisten Heckträgern ist abzuraten, da sie oft nur wackelig befestigt sind, Lack und Fenster beschädigen können und das Beladen des Kofferraums behindern. Den einzigen Vorteil der relativ einfachen Beladung kann man gerade bei leichten Rennrädern nicht gelten lassen. Die besten und stabilsten Heckträger stützen sich auf der Anhängerkupplung ab oder sind (z. B. bei Wohnmobilen) fest montiert.

In einer Transporttasche oder Box

1 Zuerst müssen die Pedale, der Sattel und die Sattelstütze entfernt werden. Diese Teile werden in gefütterte Taschen gepackt und unverzüglich in der Transporttasche oder dem Handgepäck verstaut. Nicht in der Werkstatt liegen lassen!

2 Nach dem Ausbau der Räder werden die Schnellspanner entfernt. Wenn ein Transport per Flugzeug ansteht, sollte auch die Luft abgelassen werden. Ich lasse aber immer etwas Luft in den Reifen, um die Felgen zu schützen und etwas Dämmung zu erzeugen.

3 Die Enden der Achsen müssen mit Pappe oder jenen Kunststoffteilen geschützt werden, die auch als Transportsicherungen bei Neuteilen verwendet werden (der örtliche Fahrradhändler sollte eine Auswahl vorrätig haben).

4 Die in der Tasche oder der Box verpackten Laufräder werden an den Felgen mit Kabelbindern aneinander gesichert. Um Schäden an den Speichen zu vermeiden, sollten sie in gefütterte Radtaschen verpackt werden. Die Achse oder der Zahnkranz dürfen den Rahmen nicht beschädigen.

6 Fahrradboxen sollen vor Beschädigungen schützen, dennoch versehe ich die vordere und hintere Radaufnahme mit Distanzhülsen – nur für den Fall, dass sich der Gepäckfahrer entschließt, die Box zu überrollen. Diese spezielle Ausführung sorgt zudem dafür, dass die Kette gespannt wird und nicht herumwackelt.

5 Falls eine Transporttasche verwendet wird, sollte der hintere Umwerfer demontiert werden; er ist empfindlich und ragt heraus, sodass er beim Verladen leicht beschädigt werden kann. Zusammen mit der Kette wird er in Plastikbeutel gewickelt und mit Klebeband am Rahmen gesichert.

8 Der Rahmen, die Gabel und die Kurbeln sollten zum Schutz mit Isoliermaterial für Rohre umwickelt werden – dies schützt nicht nur vor Kratzern, sondern dämpft im Ernstfall auch Stürze und Schläge.

7 Um das Fahrrad in der Box verstauen zu können, muss eventuell auch der Lenker demontiert werden. Alle gelösten Schrauben sollten wieder in ihre Gewinde gezogen und der Lenker mit Polsterfolie umwickelt werden. Alle Teile, die während des Transports Komponenten und Lackteile beschädigen können, müssen mit Klebeband gesichert werden.

9 Im Fachhandel erhältliche Gabel-Protektoren schützen die Ausfallenden und verhindern das Zusammendrücken der Gabelenden.

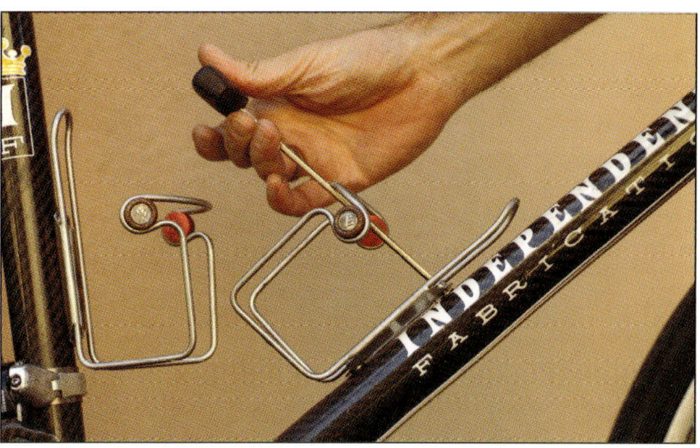

10 Auch Flaschenhalter sollten demontiert werden, da sie verbogen werden oder gar empfindliche Rahmenrohre beschädigen können. Die Trinkflaschen sollten in den Haltern transportiert werden – dies spart Platz, und die Teile schützen sich gegenseitig.

Tipps

Wenn die Fluggesellschaft das Fahrrad irgendwo anders hin verfrachtet, kann einem dies schon beträchtlich den Urlaub vermiesen. Also packe ich meinen Helm, meinen Sattel, die Schuhe und die Pedale ins Handgepäck, sodass ich all meine persönlichen Kontaktpunkte dabeihabe und mir notfalls ein Fahrrad leihen kann.

Die Gewichtsbegrenzungen der jeweiligen Fluggesellschaft sind genau zu beachten, zudem muss das Rad so früh wie möglich gebucht werden – manche Gesellschaften berechnen für den Transport von Fahrrädern einen generellen Tarif, auch wenn sie in einer Tasche oder einer Box mitfliegen.

Energy-Drinks oder spezielle Nahrungsmittel sollten nicht mitgenommen, sondern vor Ort gekauft werden – sie wiegen viel und sind schwierig zu transportieren, zudem können sie beim Einchecken zu Sicherheitsproblemen führen.

Alle Einstellungen am Rad müssen notiert und mitgeführt werden. Mithilfe eines Maßbandes lässt sich das Fahrzeug nach der Ankunft dann leicht wieder in den Originalzustand versetzen.

Auf keinen Fall vergessen: Luftpumpe, Werkzeug und – ganz wichtig! – ein Pedalschlüssel.

Waschen und Pflegen

Um das Rennrad immer gut in Schuss zu haben und sicherzustellen, dass die Komponenten lange halten, muss es mindestens einmal wöchentlich gereinigt werden – dies gilt besonders im Winter. Das Waschen ist eine gute Gelegenheit, sich alles genau anzuschauen und jeden Aspekt seiner Funktionen zu inspizieren. Da Wasser in die empfindlichen Bereiche des Fahrrades eindringen kann, ist es sinnvoll, sorgfältig vorzugehen. Mit Gummistiefeln, Gummihandschuhen und wasserfester Kleidung ausgerüstet, kann man sich auf diese Aufgabe am besten konzentrieren.

Hochdruckreiniger oder Dampfstrahler mögen vielleicht sehr schnell sein, doch solche Geräte sind für Fahrräder überhaupt nicht geeignet, da ihr Wasserstrahl auch in abgedichtete Baugruppen wie Lenk-, Rad- und Tretlager eindringt und zudem Bowdenzüge ruiniert und sämtlichen Schmierstoff von der Kette bläst. Also empfiehlt es sich, das Rad mit Schwamm und Bürste zu waschen, wenn es lange halten und perfekt funktionieren soll.

Manchmal kann man professionelle Mechaniker dabei beobachten, wie sie – besonders bei schlechtem Wetter – mit Hochdruckreinigern arbeiten, da dies viel Zeit spart, aber sie benutzen auch immer Druckluft und achten darauf, möglicherweise mit Wasser gefüllte Teile zu trocknen.

Zum Reinigen des Fahrrades wird ein spezieller Arbeitsbereich benötigt. Man braucht viel Wasser, und es kann eine beachtliche Sauerei entstehen. Eine betonierte Fläche mit Wasseranschluss und Abfluss ist perfekt. Nach dem Reinigen muss der Boden immer mit einem Schrubber gereinigt werden, da die Reinigungsmittel ihn sehr rutschig machen können.

Reinigungsmittel

- Wasser
- Eimer
- Bürsten (ab Zahnbürste in verschiedenen Größen)
- transportabler Montageständer
- Fahrradreiniger (Spray)
- Schwamm
- starker Fettlöser (auf Zitronenbasis) für Antriebsteile
- Kettenreinigungsgerät (siehe Seiten 41 und 42)
- Zahnkranzreiniger (schmale Bürste, um zwischen die Ritzel zu gelangen)

Profi-Tipps

- Immer in einer guten Höhe arbeiten und einen stabilen Montageständer benutzen – so kann man sorgfältiger waschen, und alles hält noch länger.

1 Zuerst müssen die Unterseite des Sattels und die Sattelstütze gewaschen werden, damit das Fahrrad in den Montageständer gespannt und weitergereinigt werden kann (die meisten Montageständer-Klemmen halten die Sattelstütze). Zudem ist es immer am besten, oben zu beginnen und sich nach unten vorzuarbeiten, damit kein Schmutz auf bereits gereinigte Teile gerät.

2 Wenn das Fahrrad im Montageständer klemmt, werden beide Räder ausgebaut – sie lassen sich im demontierten Zustand wesentlich besser reinigen. Die Kette sollte über eine an den Hinterradaufnahmen montierte Rolle geführt werden, damit sie besser gereinigt, die Kurbeln leicht gedreht und der Rest des Rades besser gewaschen werden kann.

3 Entfetterspray kann mit Wasser verdünnt werden, da es oft sehr stark konzentriert ist. Die Gebrauchsanweisung gibt Hinweise, ob Lack- oder Kunststoffteile angegriffen werden. Die meisten Mittel sind nicht besonders hautfreundlich, sodass sich Gummihandschuhe empfehlen.

4 Der gesamte Antrieb muss mit einer stärkeren Entfetterlösung geschrubbt werden – solche auf Zitrusbasis eignen sich hierfür sehr gut. Nachdem man sie in den Schaltmechanismus und die Kettenrollen eingearbeitet hat, lässt man sie einige Zeit einwirken.

Profi-Tipps

- Alte Hasen arbeiten immer mit einer Lieblingswaschlösung. Manche verwenden ein selbst angerührtes Gemisch aus Diesel (Heizöl) und Entfetter, doch kann man damit eine Riesensauerei anrichten. Zitrusentfetter sind ebenfalls beliebt. Am besten probiert man selbst ein paar Mittel aus.

5 Die Kette muss entweder mit einer Bürste oder einem solchen Kettenreinigungswerkzeug gesäubert werden. Mit einer kleinen Bürste und etwas Geduld lässt sich am besten derjenige Schmutz herausholen, der sonst die Kraft schluckt.

6 Der Kettenreiniger erlaubt eine regelmäßige Säuberung der Kette, ohne dass das ganze Fahrrad gesäubert werden muss. Anschließend muss die Kette geschmiert werden. Verhindert man so das Ansammeln von Schmutz, lässt sich das Leben der Kette und aller Ritzel verlängern.

7 Mithilfe einer großen Bürste werden die Kettenblätter und die Kurbeln gereinigt. Wahrscheinlich muss man mehrmals mit dem Entfetter ran und ordentlich putzen, um alles vollständig sauber zu bekommen.

8 Mit einem Schwamm und reichlich Wasser wird das Reinigungsmittel vom Antrieb entfernt. Reinigen Sie die Pedale und Schuhhalterungen mit einer kleinen Bürste (Zahnbürste). Halten Sie die Pedalfedern gut geschmiert, und prüfen Sie regelmäßig deren Spannung.

Profi-Tipps

- Professionelle Mechaniker arbeiten sehr schnell, wenn es darum geht, den an einem Tag angesammelten Dreck zu entfernen. Wenn die Fahrt über nasse Straßen ging, waschen sie das Rad direkt nach dem Rennen, denn angetrockneter Schmutz lässt sich schwieriger entfernen.

9 Jetzt können die Räder gereinigt werden – beginnen Sie mit dem Zahnkranz. Wieder ist ein starker Entfetter gefragt, der den schwarzen Stoff schneller entfernt.

10 Auch die Radnaben sollten gereinigt und inspiziert werden – hier helfen eine lange Bürste und milder Entfetter. Beim Beseitigen des Schmutzes geht es darum, das Eindringen in den Freilauf zu vermeiden.

11 Entfernen Sie mit einem geeigneten Gerät den zwischen den Ritzeln abgelagerten Schmutz. Es gibt spezielle Zahnkranzreiniger, aber eine harte, schmale Bürste sollte ausreichen. Die Kassette muss unbedingt perfekt sauber sein, sodass sich nötigenfalls auch ihr Ausbau lohnt.

12 Auch mit einem Stück Stoff lässt sich der Schmutz zwischen den Zahnrädern gut entfernen. Hiermit lassen sich die Seiten der Rampen gut säubern und alles trocknen, damit sich kein Rost bildet.

Profi-Tipps

- Füllt man den Entfetter beispielsweise in eine alte Trinkflasche (**deutlich kennzeichnen!**) und steckt diese in den Flaschenhalter, ist er bei der Arbeit gut zur Hand. Dies spart Zeit und verringert die Verschmutzung des Bodens.

13 Reifen und Felgen dürfen nur mit mildem Fettlösemittel gereinigt werden. Nachdem alles eine Weile eingeweicht wurde, wird mit dem Schrubben begonnen.

14 Sobald sich Straßenschmutz und Bremsabrieb anzuheben beginnen, werden der Reifen und die Felge sorgfältig mit einer harten Bürste und reichlich Wasser gewaschen. Nachdem alles sauber ist, wird das Rad mit sauberem Wasser gespült und mit einem Lappen getrocknet. Die Felgen müssen besonders im Bereich der Bremsflächen untersucht werden, da angesammelte Ablagerungen zu Riefen und erhöhtem Bremsenverschleiß führen können.

15 Aus den Kerben der Bremsbeläge und dem Belagmaterial selbst müssen sämtliche Partikel herausgekratzt werden, dann wird der Bremsmechanismus gereinigt. Waschen Sie die Bremsen und Beläge mit einem Schwamm, ohne die Ausrichtung zu verändern.

16 Sorgfalt ist bei der Reinigung der Brems- und Schalthebel geboten. Fettlöser darf nicht direkt auf die Dichtungen gesprüht werden; zudem sollte besser mit einem Lappen statt mit einer harten Bürste geputzt werden. In den Mechanismus eingedrungenes Wasser und Lösungsmittel werden bald zu Problemen führen.

17 Nachdem die Kette mit einem geeigneten Schmiermittel behandelt wurde, werden alle anderen beweglichen Teile der Schaltung und der Bremsen mit dünnem Sprühöl geschmiert – hierbei darf nichts auf die Bremsbeläge oder die Felge gelangen!

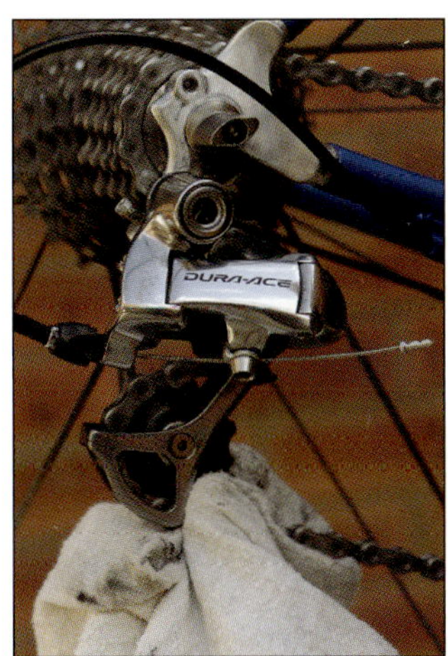

18 Überschüssiges Öl wird mit einem Lappen von der Kette gewischt, dann werden die Umwerferrollen sorgfältig gereinigt, da diese sonst den Schmutz auf dem gesamten Antriebsbereich verspritzen.

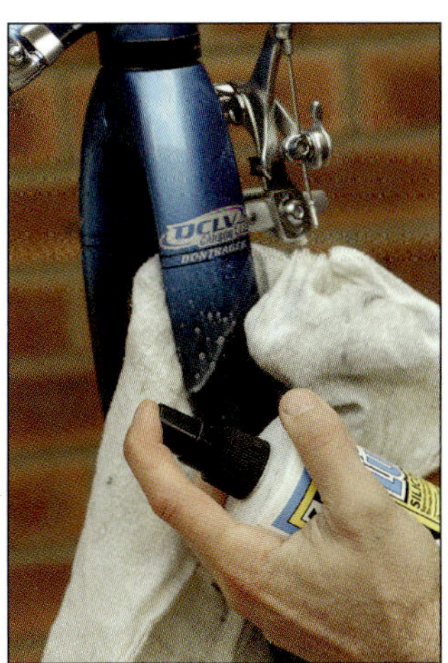

19 Am Ende werden die Lackteile mit etwas Rahmenpolitur und einem Staubtuch behandelt. Dabei kann eine Inspektion des Rahmens auf Beschädigungen nicht schaden. Achten Sie darauf, dass alle Komponenten trocken und frei von Fettlöserablagerungen sind.

4

Ein Radrennen ist auch für den Profi-Mechaniker eine äußerst anstrengende Zeit. Profi-Rennfahrer sind äußerst penibel, und ihre High-Tech-Sportgeräte benötigen sehr viel Aufmerksamkeit, egal ob es regnet oder die Sonne scheint. Nirgendwo kann man mehr lernen als beim Beobachten einer Gruppe von professionellen Rennmechanikern, die Rennräder für die nächste Tagesetappe vorbereiten. Wenn sie ihre hoch konzentrierte Arbeit beendet haben, geben sie bei einem Bier vielleicht auch ein paar gute Ratschläge.

Mechaniker – der tägliche Job

Viele Teams erwarten von ihren Fahrern, dass sie beim Start eines Rennens mit einem makellosen Fahrrad antreten; andernfalls müssen sie mit Sanktionen rechnen. Team-Mechaniker stellen sicher, dass jedes Rad beim Start wie neu aussieht.

Ich habe einen erfahrenen Mechaniker gebeten, mir die tägliche Routine seiner Arbeit für ein Profi-Team zu erklären und die wichtigsten Dinge zu beschreiben, die erforderlich sind, um ein Rennrad optimal vorzubereiten.

Geoff Brown – ehemaliger Team-Discovery-Mechaniker

»Das Leben eines Mechanikers ist heute wesentlich leichter als früher. Das liegt daran, dass die Ausrüstung, mit der wir heute arbeiten, wesentlich höherwertiger ist, als sie es in der Vergangenheit war. Auch die Sponsoren sind heute großzügiger bei der Versorgung mit Ausrüstung.

Die Fahrer bekommen alles, was sie wollen, ohne lange danach fragen zu müssen. Soweit es um die Einstellung ihrer Räder geht, hat jeder Fahrer seine spezielle Position, und um diese zu erreichen, gibt es eine Auswahl an verschieden langen Kurbeln, Sattelstützen, Vorbauten und Lenkern. Auch die Lenkerbreite und der Aufbau des Sattels sind wichtig. Allerdings muss jedes Teil von den verschiedenen offiziellen Ausrüstern des Teams stammen. Kein Fahrer darf eigene Dinge mitbringen, doch dieses Problem taucht auch nicht auf, da die Auswahl wirklich riesig ist.

Nachdem der Fahrer die Position auf dem Rad festgelegt hat, notieren wir diese. Entschließt sich der Fahrer zu einer Veränderung, tut er dies unter Mithilfe eines Team-Mechanikers, und wir ändern entsprechend unsere Notizen. Sobald ein Fahrer also seine optimale Leistungsfähigkeit erreicht hat und wirklich gut fährt, bedeutet dies, dass er sich hundertprozentig auf sich selbst und seine Crew verlassen kann. Er ist ein Profi, und wir sind es auch.

Soweit es um Werkzeuge geht, benutzen wir heutzutage immer weniger davon, da immer mehr integriert ist – siehe Lenk- und Tretlager. Die hohe Qualität der Kom-

ponenten verringert auch die dafür notwendige Arbeit. Die rein mechanische Arbeit, die an einem modernen Rad erledigt werden muss, ist tatsächlich sehr gering. Das meistverwendete Werkzeug ist heute der Fünfer-Inbusschlüssel!

Eine der wichtigsten Tätigkeiten für uns ist die Reinigung des Fahrrades, die täglich erledigt werden muss. Die beugt Pannen vor und verlängert die Lebensdauer des Materials.

Was den Austausch von Komponenten betrifft, so wechseln wir etwa alle 1500 Kilometer die Kette – auch wenn eine hochwertige Kette mindestens doppelt so lange hält. Wir tun es, weil wir immer genügend Ketten haben und es zudem stets den Unsicherheitsfaktor gibt. Tatsächlich verschenken wir unsere gebrauchten Ketten oft an Hobby-Radsportler, die uns bei der Arbeit zusehen.

Zahnkränze werden von uns während einer Rennsaison fast nie separat ausgetauscht, weil wir einfach die kompletten Laufräder so oft wechseln, dass die Kassetten gar keine Chance haben, ausreichend zu verschleißen. Ein sauberer Zahnkranz hält ewig, also waschen wir die Laufräder nach jedem Rennen.

Bremsbeläge werden von uns ungeachtet ihres

Verschleißes sicherheitshalber alle zwei oder drei Tage gewechselt. Bei schlechtem Wetter oder in den Bergen tauschen wir sie täglich – nicht weil es nötig ist, sondern weil wir genügend in Reserve haben.

Wir können uns wirklich nicht über den Mangel an Ausrüstung beklagen. Bowdenzüge wechseln wir normalerweise wöchentlich. Schläuche werden bei Bedarf,

bei einem Schaden oder wenn wir das Gefühl haben, sie seien zu sehr verschlissen, gewechselt. Wie bereits erwähnt, tauschen wir ziemlich häufig die Laufräder aus, also können die Schläuche im Grunde kaum verschleißen. Das Wetter und der Straßenzustand sind wichtige Faktoren für die Lebensdauer eines hochwertigen Rennreifens. Natürlich haben wir immer genügend vorrätig, um sie zu wechseln.«

Der 14-Stunden-Arbeitstag bei der Tour de France
»Bei der Tour sind wir normalerweise mit drei Mechanikern vertreten. Zwei von ihnen folgen den Etappen in den Team-Autos, und der Dritte fährt den Team-Lkw zum nächsten Hotel. Wir beginnen zwischen 6.30 und 7.00 Uhr mit der Arbeit. Nach dem Frühstück beginnen wir mit dem Waschen der Fahrräder und dem Betanken der Team-Autos.

Wenn die Autos fertig sind, können wir mit dem Ausladen der Fahrräder aus dem Lkw beginnen. Zuerst werden die Ersatzräder ausgeladen. Jeder Fahrer hat für den Notfall eine solche Ersatzmaschine. Nachdem die Reifen aufgepumpt sind, werden diese auf den Dachträgern der Team-Autos befestigt. In jedem Auto befinden sich zudem fünf Sätze Laufräder. Natürlich benutzen wir zum Aufpumpen einen Kompressor.

Nachdem die Ersatzmaschinen verstaut sind, werden die eigentlichen Rennmaschinen ausgeladen, ihre Reifen aufgepumpt und sie entweder auf das Dach des Betreuerautos oder in die Fahrradbox des Team-Busses (mit acht

Plätzen) verladen. Jetzt sind wir bereit, an den Start zu gehen. Als Nächstes wird das Gepäck des Teams in den Lkw geladen, damit es zum nächsten Hotel transportiert werden kann.

Wenn wir am Start ankommen, stellen wir die Renn-

maschinen neben den Bus und warten auf die Fahrer. Im Allgemeinen sind wir eine Stunde vor dem Start bereit. Eine der wichtigsten Aufgaben am Start ist es, die Räder zu bewachen und ein Auge auf die Ausrüstung auf dem Teamfahrzeug zu werfen. Jeder Wagen wird von einem Teamleiter gefahren, während ein Mechaniker auf dem Rücksitz Platz nimmt.

Wenn das Rennen gestartet ist, wartet man im Grunde nur auf Ausfälle und Stürze. Passiert etwas, muss der Mechaniker so schnell wie möglich aus dem Auto springen, um dem oder den Fahrern zu helfen. Wir müssen

eventuell Laufräder wechseln, Lenker richten oder das ganze Fahrrad austauschen. Für uns – und für die Fahrer – ist es ein guter Tag, wenn wir während des Rennens nicht aussteigen müssen.

Am Ziel müssen die Autos den Pfeilen zum Busparkplatz folgen. Dort sammeln wir die Fahrräder ein, verladen sie und begeben uns zum Hotel. Der Lkw-Fahrer muss nun zum nächsten Hotel fahren und dort einen möglichst guten Parkplatz finden. Hier lädt er das Gepäck aus und trägt es mithilfe des Betreuers ins Haus. Dann wird der Lkw an die Wasser- und Stromversorgung angeschlos-

20 Minuten pro Rad, falls es keinen Sturz oder andere Probleme gegeben hat. Hatte ein Rad einen Unfall, muss so lange daran gearbeitet werden, bis es für den nächsten Tag rennfertig ist.

Bis wir alles verstaut und abgeschlossen haben, ist es etwa 20.00 Uhr. Dann wir können uns unserem Feierabendbier widmen.«

sen. Das Wasser wird für die Reinigung der Rennräder, der Strom unter anderem für unseren Kühlschrank benötigt ...

Wenn das Rennteam am Hotel ankommt, beginnt ein Mechaniker mit dem Waschen der Räder, während die anderen beiden die Autos entladen und die Ersatzräder wieder im Lkw verstauen. Wenn alles sauber ist, beginnen wir mit der Wartung der Räder – dies dauert etwa 15 bis

5

Zentrieren

So sehr ich das Aufbauen von Laufrädern mag – dies ist nicht der Platz, um zu zeigen, wie es geht. Gerd Schraner bietet mit seinem Buch *Die Kunst des Laufradbaus* (Licorne 2005) eine exzellente Anleitung für diesen sehr technischen Prozess. Dass das Bauen von Rädern kompliziert ist, beweist die Tatsache, dass dies nicht das einzige Fachbuch hierzu ist. Ich will hier nur die Grundlagen des Laufradbaus zeigen und hoffe, dass der Bazillus überspringt und meine Leser mehr darüber lernen wollen.

Laufräder

Zuerst muss das Rad beurteilt und entschieden werden, wo die Unwucht liegen könnte. Beim Drehen des Rades lässt sich erkennen, wo die Dellen sind und wo die Speichen ungleichmäßig gespannt sind. Ein Rad ist wie eine Hängebrücke, bei der jede Unausgewogenheit in der Aufhängung (den Speichen) zu einer höheren Belastung benachbarter Aufhängungen führt. Das häufigste Problem ist eine gebrochene Speiche, doch auch lockere oder verbogene Speichen können ein Rad zum Wackeln bringen.

Wenn man das Laufrad dreht, muss es zentriert in der Halterung (oder unterwegs in den Aufnahmen des Fahrrades) sitzen, sodass die Aufgabe darin liegt herauszufinden, wo und vor allem wie das Rad aus dieser Linie herausgezogen wurde. Solange man keine Ahnung hat, wie die Delle zustande kam, sollte auch nichts unternommen werden, um das Rad zu zentrieren.

Werkzeug:

- **Zentrierständer**
- **Speichenschlüssel (gibt es genau wie Nippel in den verschiedensten Größen)**
- **Zentrierlehre**
- **Speichenspannungs-Prüfer (optional)**

Axialschläge (seitliche Dellen) sind am leichtesten zu beseitigen:

- Wenn das Rad nach links ausschlägt, müssen die linken Speichen gelockert oder die rechten stärker angezogen werden.
- Wenn das Rad nach rechts ausschlägt, müssen die rechten Speichen gelockert oder die linken stärker angezogen werden.

Radial- oder Höhenschläge sind anders:

- Wenn die Delle nach innen ausgeprägt ist, sind Speichen zu fest.
- Wenn die Delle nach außen ausgeprägt ist, sind Speichen zu locker.

Wenn nun die Felge gleichzeitig nach links ausschlägt und eine Delle nach innen hat, wird sie von einer Speiche zu weit nach links gezogen; schlägt sie dagegen gleichzeitig nach rechts und ist die Delle nach außen ausgeprägt, wird rechts eine Speiche locker sein.

Dies ist die einfachste Version – der Rest ist wie beim Stimmen eines Klaviers Übung und Erfahrung. Die ersten Zentrierversuche werden etwas dauern. Wenn man jedoch damit vertraut ist und Übung hat, ist es eine Sache von Sekunden. Wichtig ist, dass man am Anfang nur kleine Einstellungen vornimmt und die Felge mit Kreide markiert oder die verdächtigen Speichen mit Klebeband versieht, damit man immer weiß, wo begonnen werden muss.

Hinterräder haben an der Antriebsseite (rechts) strammer sitzende Speichen als an der anderen. Die links sitzenden Speichen sind zudem etwas länger. Dies bedeutet, dass sie weniger tief eingeschraubt werden müssen als die rechts sitzenden – das Verhältnis liegt je nach Rad bei etwa 2:1. Bei Vorderrädern müssen die Speichen auf beiden Seiten etwa um die gleichen Werte gelockert oder angezogen werden – dies muss schrittweise und in Schritten von maximal einer halben Umdrehung geschehen.

1 Der häufigste Grund für eine Delle ist eine gebrochene Speiche (das Ersetzen von Speichen ist auf den Seiten 57 und 58 beschrieben), doch muss auch nach lockeren Speichen gesucht werden, die nachgezogen werden müssen. Hierzu umgreift man vor dem Zentrieren mehrere Speichen gleichzeitig und drückt sie zusammen, um herauszufinden, welche locker sind.

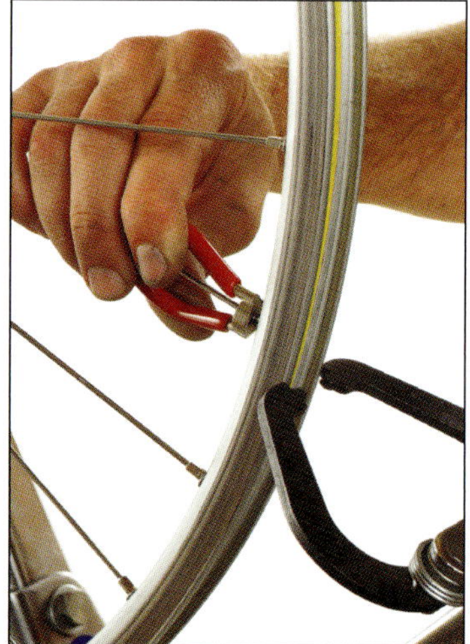

2 Wichtig ist die Auswahl des korrekten Speichenschlüssels, der spielfrei auf den Nippel greifen muss. Ein locker sitzender Schlüssel zerstört rasch den Vierkant – besonders wenn der Nippel festsitzt. Wenn die Speiche bereits sehr stramm sitzt und die Felge aber noch weiter gezogen werden muss, müssen die Speichen der anderen Seite zunächst etwas gelockert werden, um mehr Bewegungsspielraum zu erhalten. Speichen sind generell mit einem normalen Rechtsgewinde ausgerüstet, sodass der Nippel (von außen betrachtet) im Uhrzeigersinn auf die Speiche geschraubt und damit diese angezogen wird; gegen den Uhrzeigersinn wird die Speiche gelockert.

3 Ein starker Höhenschlag oder ein S in der Felge kann auf eine Reihe zu lockerer oder zu fester Speichen hinweisen. Wie beim Axialschlag muss sorgfältige geprüft werden, welche Speichen zuerst bearbeitet werden. Zuerst müssen die lockeren Speichen gefunden werden, dann werden zwei oder vier Speichen einer Seite eine Viertelumdrehung angezogen (hier mit dem roten und dem schwarzen Speichenschlüssel gezeigt). Um das Rad weder axial noch radial verziehen zu lassen, müssen beide Seiten gleichmäßig angezogen werden.

4 Die Felge darf nicht nur nicht verzogen sein, sondern muss auch exakt mittig zwischen den beiden Kontermuttern der Achse laufen. Die mittige Zentrierung stellt sowohl korrekt greifende Bremsen wie auch fluchtende Räder sicher und wird mit einer Zentrierlehre überprüft. Da Hinterräder auf einer Seite mit dem Zahnkranz ausgerüstet sind, sind sie nicht symmetrisch eingespeicht: Die Speichen bilden vom Reifen aus gesehen eine Tellerform.

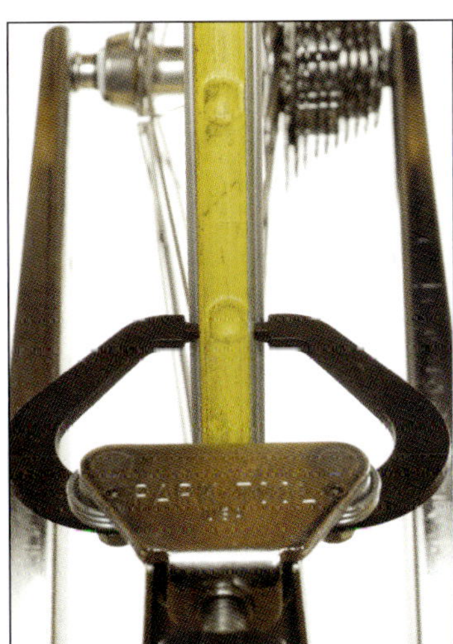

5 Zum akkuraten Zentrieren ist ein hochwertiger Zentrierständer nötig; bei in den Ausfallenden sitzenden Rädern ist keine exakte Zentrierung möglich. Der hier gezeigte Ständer ist mit selbstsichernden Klauen und Haltearmen ausgerüstet, damit das Rad perfekt zentriert werden kann. Die Klauen können eingestellt werden, sodass die Felge daran reibt – so gibt sie einem optische und akustische Hinweise darauf, wo sich die Delle befindet.

6 Professionelle Laufradbauer benutzen ein solches Speichenspannungs-Prüfgerät, um Räder zu bauen oder zu zentrieren und maximale Spannungsdifferenzen von 10 Prozent hinzubekommen. Beim Zentrieren kann einem das Gerät bei der Bestimmung zu stark angezogener – und damit bruchgefährdeter – Speichen helfen.

7 Wenn man wieder ein perfekt rund laufendes Rad hat, muss es sorgfältig »belastet« werden, indem man es seitlich drückt. Dabei darf das Rad nicht mit dem ganzen Körpergewicht unter Last gesetzt werden, auch weil Radlager nur wenig seitliche Belastung vertragen. Beim Drücken und Ziehen wird ein Klicken und Plinkern zu hören sein, wenn die Speichen ihre Positionen »finden«. Dies kann bedeuten, dass sich die Felge etwas bewegt und anschließend noch etwas nachzentriert werden muss.

8 Zum Schluss muss das Felgenband ersetzt werden. Ich benutze immer selbstklebendes Band, da ich so sichergehen kann, dass es sich nicht lockert und um den Schlauch herumwickelt. Plastikband ist besser als Gewebe, da dies sich mit Wasser vollsaugt und so die Nippelösen zum Rosten bringt, wodurch die Nippel schwergängig werden können. Das Felgenband muss nach jedem Ausbau der Felge erneuert werden – benutzen Sie niemals ein gebrauchtes Band erneut.

Felgen und Sicherheit

Die meisten für den Einsatz von Felgenbremsen konstruierten Felgen sind mit einer Verschleißanzeige in Form einer schwarzen Linie oder mehreren Punkten in der Felgenmitte ausgerüstet. Während die Felge mit der Zeit verschleißt, verschwinden diese Markierungen langsam – und sobald sie nicht mehr sichtbar sind, muss die Felge ausgetauscht werden. Da die Felgen je nach Fahrweise unterschiedlich schnell verschleißen können, muss unbedingt regelmäßig ein Auge auf die Markierungen geworfen werden. Zusammen mit dem Druck des Reifens kann starkes Bremsen das Felgenbett zerstören – und dies kann eine echte Katastrophe bedeuten: Der Schlauch explodiert und der Reifen wird von der Felge gerissen. Die Reste der Felge verhaken sich im Rahmen oder in der Gabel, und zumindest beim Vorderrad wird man um einen schmerzhaften Überschlag kaum herumkommen. Daher sollte man kein Risiko mit alten Felgen und Laufrädern eingehen – stabile Räder bringen einen auf jeden Fall sicherer nach Hause.

Speichen ersetzen

Der Austausch von Speichen ist eine unkomplizierte, aber oft zeitaufwendige Angelegenheit. Speichen brechen normalerweise, wenn die Laufräder das Ende ihrer Haltbarkeit erreicht haben, sodass man sich fragen kann, ob ein Neuaufbau überhaupt lohnt. Wiederholte Speichenbrüche (wenn eine Speiche nach der anderen weggebrochen ist) bedeuten üblicherweise, dass die Felge schrottreif ist und die Speichen sie nicht mehr tragen können. Bei einem gut montierten Rad brechen keine Speichen weg, solange sie nicht z. B. durch wiederholte schwere Schläge beschädigt worden sind. Gut eingespeichte Laufräder erleiden selten Defekte.

Speichen brechen meistens an der Antriebsseite des Hinterrades. Bei Bahnrennern und Eingangrädern treten seltener Speichenbrüche auf, da sie ohne Ritzelpaket aufgebaut sind und daher die rechten Speichen weniger stark unter Spannung stehen. Um eine rechts eingehängte Speiche austauschen zu können, muss zunächst der Zahnkranz abgezogen werden (siehe Seite 114).

Werkzeug:

- Speichenschlüssel
- Ersatzspeiche in der korrekten Länge
- Schrauben- oder Nippeldreher
- Zentrierständer

1 Wenn der Speichenkopf nach innen in die Radnabe zeigt, muss die Speiche von der gegenüberliegenden Seite des Rades her eingeführt werden. Speichen kreuzen sich zwischen der Nabe und der Felge dreimal – entweder zweimal über- und einmal untereinander oder umgekehrt. Auf jeden Fall ist es wichtig, sich die Verlegung korrekt zu merken, da sonst die Stabilität und Funktionalität des Laufrades nicht gewährleistet ist.

2 Die Speiche kann von der gegenüberliegenden Seite her parallel zur Nabe eingeführt werden. Schwieriger wird es, wenn der Speichenkopf außen liegt, da die Speiche innerhalb des Rades nach außen geführt werden muss – hierbei muss sie vorsichtig leicht gebogen werden, darf aber nicht knicken und geschwächt werden.

3 Nachdem die Speiche in die Nabe eingezogen ist, muss sie von innen in die Felgenbohrung gedrückt werden – auch hierbei muss darauf geachtet werden, dass sie nicht zu stark verbogen wird. Die Felge muss dabei vor Kratzern geschützt werden.

4 Eine Speiche der korrekten Länge wird am Ende bündig zur Oberseite des Nippels liegen. Zu lange Speichen ragen oben heraus und können nicht richtig gespannt werden. Ein beschädigter Nippel muss selbstverständlich ebenfalls ersetzt werden.

5 Bevor mit dem Zentrieren begonnen wird, muss die Speiche mithilfe eines am Nippel angesetzten Schrauben-drehers (oder eines solchen Nippel-Drehers) spielfrei angezogen werden. Wurde eine Speiche der richtigen Länge installiert, muss ihr Ende genauso tief im Nippel sitzen wie bei den anderen Speichen. Das Zentrieren ist auf den Seiten 53 bis 56 beschrieben.

6 Mit Ösen versehene Felgen sind stabiler und halten länger als solche, bei denen die Nippel direkt im Leichtmetall stecken. Auch Speichenbrüche treten hier seltener auf, da die Nippel sich in der Felge leicht bewegen können – aus diesem Grund sind sie auch leichter zu zentrieren.

Tipps

- Der Nippel sollte möglichst mit einem Nippeldreher auf das Gewinde der Speiche geschraubt werden. Wenn kein Gewinde mehr sichtbar ist, muss gestoppt werden.
- Der Speichenkopf muss vorsichtig per Daumen oder mithilfe eines Kunststoffhammers in die Aufnahme der Nabe gedrückt werden.
- Im Notfall kann eine Speiche bei montiertem Reifen ersetzt werden – dies geht jedoch nur, wenn die Ersatz-speiche die richtige Länge hat. Allerdings ist es immer besser, den Reifen, den Schlauch und das Felgen-band zu entfernen, sodass man Zugang zum Nippel hat und diesen nötigenfalls austauschen kann. Zu lange Speichen können das Felgenband und den Schlauch durchstoßen und so einen Plattfuß erzeugen.
- Ausgeschlagene Speichenbohrungen an der Nabe können mit Messingscheiben (z. B. von DT) versehen wer-den. Manche Laufradbauer treiben die Nippel mit einem Durchschlag ein – bei geklebten oder Leichtbaunaben ist allerdings Vorsicht geboten.
- Falls die Kette über den Zahnkranz hinaus in die Speichen des Hinterrades geworfen wird, muss dringend der Umwerfer eingestellt werden (Seiten 121 und 122). Die Speichen können vorgeschädigt werden, sodass sie später brechen. Wenn der Umwerfer die Speichen berührt, kann dies dazu führen, dass er abgerissen und das Rad zerstört wird. Beim kleinsten Geräusch ist eine sofortige Einstellung nötig.
- Moderne Rennräder sind oft mit Spezialspeichen ausgerüstet, die nicht mehr abgewinkelt, sondern gerade sind. Natürlich muss bei einer Reparatur wieder eine solche Speiche eingezogen werden.

Rennradnaben von Shimano und Campagnolo

Konuslager-Naben

Diese konventionellen Radnaben sind äußerst einfach zu warten. Beim ersten Mal kann es noch eine gewisse Herausforderung sein, doch mit etwas Erfahrung geht die Arbeit wirklich schnell von der Hand. Alle Bauteile müssen in einem sehr guten Zustand sein – jeglicher Verschleiß und sichtbare Markierungen an den Konussen bedeuten, dass ein Austausch ansteht.

Die meisten Rennradnaben von Shimano (von Tiagra bis Dura Ace) und auch viele ältere Campagnolo-Naben sind nach dem gleichen Prinzip aufgebaut. Die meisten aktuellen Campagnolo-Naben von Mirage bis Record sind mit einer übergroßen Aluminiumachse und einem System, das keine speziellen Konusschlüssel erforderlich macht, ausgerüstet – sie enthalten einige besondere Bauteile, sind aber einfach einzustellen, zudem kann alles ausgebaut und gewartet werden.

Wie oft muss ich die Naben zerlegen?

Rennradnaben müssen je nach Wetterbedingungen und Laufleistung alle vier bis sechs Monate komplett gewartet werden. Frisches Fett und eine regelmäßige Einstellung erhöhen die Haltbarkeit der Kugeln und ihrer Laufbahnen. Shimano-Konusnaben sind exzellent, da sie sich sehr einfach und schnell zusammenbauen lassen, zudem kommen hochwertige Lager und gehärtete Stahl-Konusse zum Einsatz.

Werkzeug:

- **Zwei 13 mm-Konusschlüssel (zumindest bei Shimano – sonst eine andere Größe)**
- **Drehmomentschlüssel**
- **17-mm-Maulschlüssel (oder Konusschlüssel)**
- **Fett**
- **Achsenklemmung und ein auf der Werkbank befestigter Schraubstock**

Locker sitzende Naben halten allerdings nicht sehr lange. Wackelt man das eingebaute Laufrad am Reifen in seitlicher Richtung und stellt Spiel fest, wird die Nabe locker sein. Dies bedeutet, dass die Lagerkugeln in der Nabe herumschlagen und langsam zerfallen. Zudem werden die Dichtungen stark belastet und lassen Wasser und Schmutz eindringen – nun dauert es nicht mehr lange, bis die Radlagerung völlig zusammenbricht. Daher das Spiel regelmäßig prüfen.

Shimano-Vorderradnaben

1 Der Trick bei einer einfachen Nabenwartung besteht darin, immer nur an einer Seite zu arbeiten. Lässt man eine Seite zusammen, kann der vom Werk vorgegebene Abstand zwischen den Kontermuttern leicht wieder eingestellt werden. Alle Vorderradnaben sind zwischen den Kontermuttern exakt 100 mm breit – und dieser Wert entscheidet darüber, dass ein Laufrad leicht durch ein anderes ersetzt werden kann.

2 Lösen und entfernen Sie die Kontermutter, die Scheibe und schließlich den Konus. Konusschlüssel sind sehr dünn, damit sie in die Abflachungen der Konusse greifen können, ohne an der Scheibe oder der Kontermutter zu schleifen – und weil sie so dünn sind, dürfen sie auch auf keinen Fall zum Lösen der Pedale verwendet werden! Halten Sie den Konus mit dem Konusschlüssel (meistens 13 mm), und lösen Sie die Kontermutter mit einem 17-mm-Schlüssel.

3 Der aus gehärtetem Stahl gefertigte Konus ist auf der Laufbahn poliert. Diese Lagerfläche darf keine Riefen oder Ausbrüche aufweisen. Bei den meisten Vorderrädern finden sich außer dem Konus lediglich eine Scheibe und eine Kontermutter.

4 Jetzt werden der Konus, alle Scheiben und – besonders vorsichtig – die Achse entfernt. Die Arbeit sollte über einer geeigneten Oberfläche erledigt werden, auf der möglicherweise herausfallende Kugeln nicht sofort verschwinden. Wenn man alle Teile entsprechend ihrem Ausbau auf die Werkbank legt, sollte beim Einbau nichts durcheinandergeraten. Während der Konus an einer Seite der Achse verbleibt, werden alle Teile sorgfältig gereinigt.

5 Alle alten Lagerkugeln sollten aufgehoben werden, damit sichergestellt werden kann, dass als Ersatz die gleiche Anzahl gleich großer Kugeln eingesetzt wird. Es kann nicht schaden, die Kugeln nach jedem Zerlegen der Nabe auszutauschen – sie sind etwas weicher als die Konusse und die Nabengleitfläche und daher auch empfindlicher. Die Kugeln müssen absolut glatt sein – bereits bei kleinsten matten Stellen oder Löchern müssen sie ersetzt werden. Für diese Arbeit empfiehlt sich ein magnetischer Schraubendreher, der den Einbau deutlich erleichtert. Ersatzkugeln sollten an einem Magneten gelagert werden, um die Handhabung zu erleichtern.

6 Die Lagerlaufflächen müssen sorgfältig gereinigt und auf Schäden begutachtet werden – wenn Ausbrüche festgestellt werden, müssen entweder die Konusse oder die Radnabe ersetzt werden. Das Ersetzen der Konusse und der Kugeln sowie das Fetten der Lager beseitigt normalerweise jegliches Rumpeln.

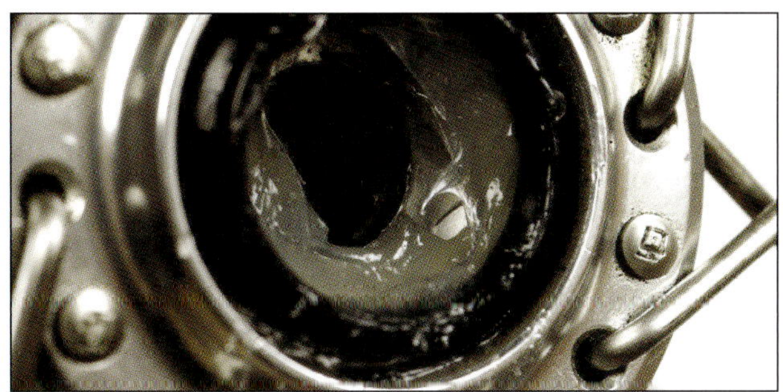

7 Die Laufflächen in der Nabe mussen mit ausreichend Fett versehen werden. Die Lager-Dichtringe müssen nicht entfernt werden – sie sind oft eingepresst und nur schwierig auszutauschen; normalerweise kommt man auch bei installierten Dichtringen gut an die Gleitfläche heran. Müssen die Dichtringe entfernt werden, ist äußerste Vorsicht geboten. Umwickeln Sie einen Reifen-Montierhebel mit einem Lappen, und hebeln Sie die Dichtringe heraus – ein Schraubendreher würde den Dichtring verbiegen, sodass er nicht wiederverwendet werden kann. Zum Einbau muss ein Dichtring von Hand in seiner Position gehalten und mit einem Kunststoffhammer vorsichtig eingeklopft werden.

8 Nachdem alle Lagerkugeln installiert sind, wird der abgeschraubte Konus in die Nabe gedrückt, um die Kugeln durch Hin-und-her-Drehen in ihre Positionen zu drücken. So lässt sich auch ermitteln, ob die Lagerlauffläche in der Nabe irgendwelche Schäden aufweist. Nachdem die Kugeln auf diese Weise »eingeklebt« sind, kann das Rad auf die andere Seite gelegt werden. Prüfen Sie erneut, ob die richtige Anzahl Kugeln installiert ist. Fetten Sie die Kugeln noch einmal – hierbei darf kein Schmierstoff in die Nabe gelangen. Nun kann die Achse durchgeschoben werden, ohne dass große Mengen Fett wieder herausquellen.

9 Die Achse muss in ihrer ursprünglichen Position installiert werden. Wenn man nur ein Lager zerlegt hat, muss der Abstand noch stimmen. Schrauben Sie den Konus auf die Achse und über die Kugeln.

10 Jetzt wird die Achse mit den Fingern gedreht und seitlich bewegt. Wenn der zuvor gelöste Konus so eingestellt ist, dass kein Spiel mehr fühlbar ist, sich die Achse aber sanft drehen lässt, wird die Scheibe aufgelegt und die Kontermutter zunächst handfest angezogen.

11 Mit etwas Übung ist man in der Lage, die Konusse wie gezeigt einzustellen; andernfalls muss man es wie in Schritt 2 gezeigt anstellen. Es kann jedoch passieren, dass sich die Konusse beim Festziehen der Mutter leicht mitdrehen. Die meisten Naben sind mit Dichtringen ausgerüstet, die etwas Reibung erzeugen. Um die Konusse korrekt einzustellen, werden zwei passende Konusschlüssel benötigt, da man sie so gegeneinander anziehen kann. Hat man nun die Kontermutter zu fest gezogen, werden die zwei Konusschlüssel an beiden Seiten der Nabe angesetzt und die Konusse wieder etwas gelockert, bis sich die Achse frei drehen lässt.

Radnaben

Nachdem das Laufrad wieder ins Fahrrad installiert wurde, kann durch Wackeln geprüft werden, ob Spiel vorhanden ist. Dann wird das Rad angehoben und das Laufrad schnell gedreht. Hält man nun den Rahmen oder die Gabel in der Nähe der Ausfallenden fest, kann ein Rumpeln oder Vibrieren zu spüren sein, das auf zu fest angezogene Konusse hinweist. Nach der ersten Fahrt muss das Radlager erneut kontrolliert werden. Wenn die Nabe nicht im Laufrad sitzt, kann eine Achsenklemmung helfen, bei kompletten Laufrädern ist sie allerdings nicht nötig. Achsenklemmen bestehen aus weichem Material und halten die Achse fest, sodass man mit beiden Händen an der Nabe arbeiten kann und damit schneller fertig wird. Die beste Möglichkeit, an einer im Laufrad sitzenden Nabe zu arbeiten, liegt darin, das Rad schräg auf die Werkbank zu postieren, sodass man in die Nabe hineinblicken kann.

Fett

Jeder Mechaniker hat seinen Lieblingsschmierstoff für Radnaben. Dabei geht es um spezielles synthetisches Fahrradfett, das wasserfest und von beständiger Qualität ist. Allerdings darf man es auch nicht übertreiben, da das Lager sonst schwergängig wird und nur schwierig einstellbar ist. Viele Mineral- oder Maschinenfette sind zu zäh für leicht laufende Radlager. Auch (zumeist weißes) Lithiumfett sollte gemieden werden, da es leicht ausgewaschen wird und keine hohen Drehzahlen verträgt. Shimano-Radnabenfett ist ideal, das Gleiche gilt für Schmierstoffe von Finish Line, Park, Pedros und Rock 'n' Roll. Eine Fettpresse mit einer kleinen Düse sorgt dafür, dass kein Fett verschwendet wird.

Shimano-Hinterradnaben

Die meisten Informationen für Vorderradnaben (siehe Seiten 59 bis 61) treffen auch auf Hinterräder zu. Auch wenn die Nabe größer ist und über einen Antriebsmechanismus verfügt, bleibt der Prozess der gleiche. Der Abstand zwischen den Kontermuttern beträgt am Hinterrad üblicherweise 130 mm.

Die meisten Freilauf-Zahnkranzgehäuse können ersetzt werden, sodass die Radnabe theoretisch eine unendliche Lebensdauer hat.

Wenn beide Konusse ersetzt werden müssen, empfiehlt es sich, vor der Arbeit die Positionen der Kontermuttern und Konusse zu vermessen. Messen Sie den Abstand vom Achsenende bis zur Außenseite der ersten Kontermutter. Wenn man dann mit dem Entfernen der Konusse beginnt, wird zunächst nur an einer Seite gearbeitet und alle Bauteile entsprechend ihrer Einbaulage auf die Werkbank gelegt. Ich stecke sie dabei entsprechend positioniert auf einen Schraubendreher oder Inbusschlüssel, sodass der Einbau sehr einfach ist.

Die Konusse haben eine spezielle Größe – wird eine andere eingebaut, kann die Nabe nicht richtig funktionieren. Wenn also irgendwelche Teile ersetzt werden müssen, muss man darauf achten, dass man die richtige Teilenummer für die entsprechende Nabe parat hat. Dies gilt auch für Kassettengehäuse, die unterschiedliche Größen für Zahnkränze mit 8, 9 oder 10 Gängen haben. Dura Ace-Kassettengehäuse haben eine gute Qualität.

Werkzeug:

- Zwei 15-mm-Konusschlüssel (zumindest bei Shimano – sonst eine andere Größe)
- 17-mm-Maulschlüssel (oder Konusschlüssel)
- 10-mm-Inbusschlüssel
- Fett
- Achsenklemmung und ein auf der Werkbank befestigter Schraubstock
- Zahnkranz-Wartungs- und Montagewerkzeug
- Kettenpeitsche
- Zahnkranz-Konterring-Werkzeug und Schlüssel
- Drehmomentschlüssel

1 Demontieren Sie mithilfe einer Kettenpeitsche und eines Zahnkranz-Ausbauwerkzeugs den Zahnkranz, um Zugang zu den Lagern zu erhalten (siehe Seite 114).

2 Jetzt wird an der linken Radseite der Konus mit einem Konusschlüssel gehalten und die Kontermutter gelöst. Wenn man das Lager der Antriebsseite (rechts) intakt lässt, kann sichergestellt werden, dass der Abstand gleich bleibt – dies ist besonders bei der Hinterradnabe wichtig, da ungleichmäßige Abstände die Kettenflucht und die Schaltung beeinflussen.

3 Jetzt wird rechts die Achse herausgezogen, in allen Teilen gereinigt, und die Konusse werden auf Verschleiß und Ausbrüche untersucht.

4 Nun werden die Lagerkugeln eingesammelt – manchmal müssen sie mit einem kleinen Schraubendreher herausgehebelt werden. Wie beim Vorderrad werden alle Achsenkomponenten einer Seite zusammen weggelegt. Danach werden die Radnabenlaufflächen gereinigt.

5 Nachdem die Nabe gereinigt ist, kann das Zahnkranzgehäuse mit einem ausreichend langen 10-mm-Inbusschlüssel demontiert werden (es ist meistens sehr fest aufgepresst).

6 Das Zahnkranzgehäuse sollte nur demontiert werden, wenn es ersetzt werden soll. Hier ist erkennbar, wie das Gehäuse auf dem Mitnehmer der Nabe sitzt.

7 Der Bolzen des Zahnkranzgehäuses kann vollständig gelöst und das Gehäuse nötigenfalls abgenommen werden. Die Scheibe zwischen Gehäuse und Nabe darf nicht verloren gehen. Nachdem das neue Gehäuse aufgesteckt ist, wird der Bolzen je nach Modell mithilfe eines Drehmomentschlüssels mit 35 bis 50 Nm angezogen.

8 Die gefetteten Kugeln werden wieder in die Nabe gesteckt. Üblicherweise kommen neun Viertelzoll-Kugeln zum Einsatz, doch wie beim Vorderrad müssen Anzahl und Größe genau kontrolliert werden. Sicherheitshalber sollten die Kugeln nach jedem Zerlegen ausgetauscht werden.

9 Die Kugeln sollten durch das Fett in den Laufring »geklebt« sein; dennoch muss die Achse vorsichtig und mit montiertem und gesichertem Konus von rechts eingeschoben werden. Sicherheitshalber sollte dies auf der Werkbank geschehen, damit eine möglicherweise herausfallende Kugel wiedergefunden wird.

10 Falls der Konus der Antriebsseite demontiert oder ersetzt wurde, muss er vor dem Zusammenbau der Nabe akkurat eingestellt und gesichert werden, denn nach dem Einbau der Achse ist der Zugang zum rechten Konus schwierig.

11 Wenn die Achse komplett ist, kann sie in die Nabe zurückkehren. Drehen Sie den linken Konus auf die Achse und ziehen Sie ihn handfest an. Prüfen Sie, ob sich die Achse leicht dreht und nicht klemmt oder rumpelt. Legen Sie alle fehlenden Scheiben auf und installieren Sie die Kontermutter.

12 Jetzt werden die Konusse eingestellt. Dies ist beim Hinterrad schwieriger, da der rechte Konus versteckt im Zahnkranzgehäuse sitzt. Von daher geht es leichter, wenn das Laufrad in einer Achsenklemme steckt. Manche Mechaniker stellen die Nabe sogar erst ein, wenn das Rad im Rahmen sitzt, doch dies erfordert etwas Erfahrung.

Shimano-Komplettrad-Variationen

Die Innereien sind im Wesentlichen die gleichen wie bei normalen Shimano-Konuslagern; allerdings sitzen hier die Speichennippel an der Nabe und können erst nach dem Ausbau der Nabendichtungen und Abdeckungen entfernt werden.

Vorderradnaben

Das Nabengehäuse ist seitlich mit einer Abdeckung versehen.

Die Vorderradspeichen werden hinter der Staubkappe in der Nabenwandung in Position gehalten.

Hinterradnaben

Für den Austausch einer Speiche müssen weder die Achse noch der Zahnkranz demontiert werden – hier wurden die Dichtringe und Abdeckungen entfernt, um die Befestigungen der Speichennippel im Nabengehäuse zu zeigen.

Campagnolo-Naben

Bei Campagnolo hat man eine Übermaß-Achse und eine einstellbare Radnabe entwickelt, die in immer mehr Räder eingebaut werden und als äußerst haltbar und zuverlässig gelten. Im separat erhältlichen Zahnkranzträger werden weiterhin sowohl lose Lagerkugeln als auch abgedichtete Industrielager verwendet.

Vorderradnabe

Die Achse besteht aus Aluminium und ist sehr stabil. Es wird nur eine Seite der Achse abgeschraubt, und die Konusse werden mit einer Buchse in Position gehalten, die leicht eingestellt werden kann, um jegliches Spiel in der Nabe zu unterbinden.

1 Lösen Sie mithilfe zweier 5-mm-Inbusschlüssel die Verschlussschraube der Achse (siehe Schritt 1 für die Hinterradnabe auf Seite 67), und entfernen Sie diese – dies ist der Teil, der das Laufrad in der Gabel hält und gleichzeitig den Schnellspanner aufnimmt.

2 Lösen Sie die Klemmschraube der Einstellbuchse (dies ist entweder eine Kreuzschlitz- oder eine 3-mm-Inbusschraube).

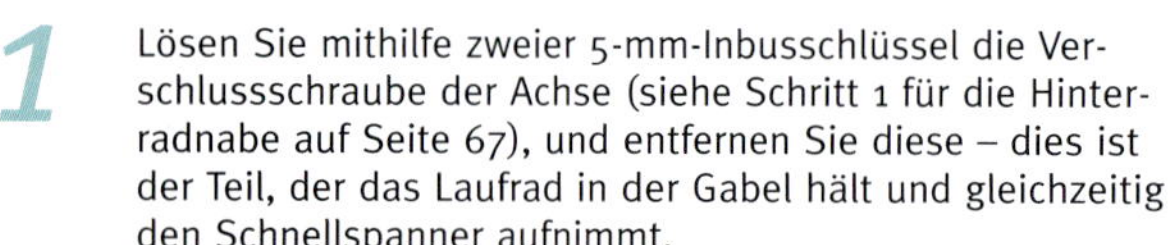

3 Schrauben Sie die Einstellbuchse von der Achse. Jetzt ist die Achse frei, doch der Konus kann noch fest darauf sitzen – ein vorsichtiger Schlag mit dem Kunststoffhammer sollte reichen, um ihn zu lösen.

4 Jetzt wird die Achse herausgezogen. Die Kugeln werden mit Kunststoffklemmen und unter einer weißen Abdichtung gehalten. Die Dichtringe sind sehr empfindlich, sodass man sie möglichst an ihren Plätzen belässt und um sie herum arbeitet.

5 Befreien Sie die Kugeln, und ersetzen Sie sie nötigenfalls. Mithilfe von Fettlösespray werden altes Fett und Schmutz beseitigt, dann reinigt und trocknet man die Lagersitze mit einem Lappen. Beide Kugellagersätze müssen vor der Montage der Achse mit wasserfestem Qualitätsfett geschmiert werden.

6 Die Achse wird mit dem Gewinde voran in die Nabe gesteckt, dann wird der einstellbare Konus bis zu den Lagerkugeln übergeschoben – er muss natürlich zuvor auf Verschleiß und Ausbrüche untersucht und nötigenfalls ersetzt worden sein.

7 Eine mit einer Öffnung versehene Scheibe oder Hülse zentriert die Achse über dem Konus. Nachdem diese installiert ist, wird die Einstellbuchse aufgeschraubt und eingestellt – dies geschieht üblicherweise durch einen handfesten Anzug. Ziehen Sie anschließend die Klemmschraube an.

8 Die feste Seite der Nabe ist mit einer Staubdichtung ausgerüstet, die über die Achse greift und Schmutz und Wasser aus der Nabe heraushält. Jetzt werden der Schnellspanner installiert und das Rad eingebaut. Hat die Nabe noch etwas Spiel, muss das Laufrad ausgebaut und die Einstellbuchse weiter angezogen werden.

Hinterradnabe

Demontieren Sie mithilfe einer Kettenpeitsche und eines Kassetten-Ausbauwerkzeugs den Zahnkranz, um Zugang zu den Lagern zu erhalten (siehe Seite 114).

1 Lösen Sie mithilfe zweier 5-mm-Inbusschlüssel die links sitzende Verschlussschraube von der Achse.

2 Entfernen Sie links den Verschluss samt der dahinterliegenden dünnen Scheibe.

3 Lösen Sie die Klemmschraube der Einstellbuchse (bei dieser Record-Nabe ist es eine 3-mm-Inbusschraube).

4 Die Einstellbuchse kann etwas fest sitzen, lässt sich aber meistens von Hand entfernen. Hier wird mithilfe eines am Einsteller angesetzten Maulschlüssels und eines durch die Achse gesteckten Inbusschlüssels gezeigt, wie beim Zusammenbau das Spiel der Nabe beseitigt wird.

5 Wie beim Vorderrad werden nun eine Schlitzscheibe und die Abdichtung sichtbar, doch anders als vorne lässt sich die Achse noch nicht befreien.

6 Zunächst muss rechts mithilfe eines 17-mm-Konusschlüssels die Zahnkranzgehäuse-Sicherungsbuchse – Achtung: Linksgewinde! – entfernt werden; dazu muss die Achse mithilfe eines 5-mm-Inbusschlüssels gehalten werden.

7 Der Pfeil auf der Sicherungsbuchse weist auf das Linksgewinde hin. Schrauben Sie die Buchse von der Achse.

8 Das Zahnkranzgehäuse lässt sich jetzt leicht von der Nabe ziehen. Die Klauen und anderen Bauteile des Ratschenrings am Nabengehäuse müssen sorgfältig gereinigt und entfettet werden. Der Zusammenbau erfolgt mit einem sehr dünnen Fett, das nur sparsam aufgetragen werden darf, um die Klauen nicht klemmen zu lassen.

9 Die Innereien entsprechen denen eines abgedichteten Nabenlagergehäuses (siehe Seite 70), allerdings sind die Campagnolo-Klauen mit einem Federring gesichert, der sie am Herausfallen hindert, wenn das Zahnkranzgehäuse abgezogen ist. Der Freilaufmechanismus lässt sich mit einer alten Zahnbürste perfekt reinigen.

10 Die Hauptachsenlager auf beiden Seiten müssen kontrolliert und gefettet werden. Wie beim Vorderrad sollte der Ausbau des weißen Dichtrings möglichst unterbleiben.

11 Nachdem der Konus auf die Achse geschoben ist, wird diese wieder in die Nabe installiert. Wenn die Achse eingeschoben wird, sitzt die Konusbuchse im Lager. Drehen Sie die Achse, um zu erfühlen, ob Kugeln oder Konus verschlissen sind.

12 Drehen Sie das Rad um, und installieren Sie links den anderen Konus. Wie beim Vorderrad wird er einfach über die Achse in Position geschoben.

13 Nach der Schlitzscheibe folgt wie beim Vorderrad die Einstellbuchse, mit der die Lager spielfrei justiert werden. Vor dem Einbau des Zahnkranzgehäuses muss die Radnabe spielfrei eingestellt sein, sodass die Lager sich sanft drehen.

14 Nachdem die Achse eingebaut ist, wird das Rad umgedreht und das Zahnkranzgehäuse montiert – die Klauen sind etwas kniffelig in Position zu bringen, doch das System funktioniert ziemlich einfach. Nach der Montage der Zahnkranzgehäuse-Sicherungsbuchse – Achtung: Linksgewindel – wird links der Verschluss auf die Achse geschraubt.

Industrielager-Naben

Der hier beschriebene Wechsel von gekapselten Lagern in Naben ist recht unkompliziert. Zwar verwendet jeder Hersteller seine eigenen Werkzeuge und Lager, doch das Prinzip bleibt immer sehr ähnlich. Die Lagerung selbst übernehmen hier abgedichtete Kugellager, die samt Außen- und Innenring sowie Käfig getauscht werden.

Industriekugellager sind nicht einstellbar. Der gehärtete Außenring des Lagers wird in die Nabe oder das Freilaufgehäuse gepresst, und die in einem Käfig geführten Kugeln laufen in einer dauerhaft abgedichteten Fettfüllung. Die Qualität des Lagers wird im Wesentlichen durch die Abdichtung und die Haltbarkeit des Schmierstoffs bestimmt.

Nachdem das Lager in die Nabe gepresst wurde, wird die Achse durch seinen Innenring geschoben. Alles muss präzise sitzen, sodass keine seitliche Belastung für erhöhten Rollwiderstand und damit Verschleiß sorgt. Eine Einstellung wie bei Konuslagern ist nicht nötig – und darin liegt auch der offensichtliche Vorteil von Industrielagern.

Die Qualität der Lager kann nur so gut sein wie die Konstruktion der Nabe. Eine preiswerte Nabe wird weniger gut abgedichtet sein als eine Konusnabe von Shimano oder Campagnolo. Hochwertige Naben können mehrmals mit neuen Speichen und Felgen ausgerüstet werden, sodass sie sich hier auf jeden Fall bezahlt machen.

Herkömmliche Industriekugellager mögen keine seitlichen Belastungen und können dadurch leicht beschädigt werden, von daher müssen sie vorsichtig behandelt und mit den richtigen Werkzeugen aus- und eingebaut werden.

1 Die Abstandshalter an beiden Seiten der Achse sind entweder aufgepresst oder aufgeschraubt; manchmal auch mit einer Madenschraube gesichert. Die gezeigte Ausführung erfordert einen Inbusschlüssel sowie einen Konusschlüssel, um den Zahnkranzträger-Abstandshalter zu sichern.

2 Links ist der Abstandshalter auf die Achse geschraubt – die meisten sind lediglich aufgesteckt. Die Achse und die Lager tragen die Last, sodass oft verstärkte Achsen installiert sind, die weniger empfindlich sind. Der Durchmesser der Achse wird auch vom Innenringdurchmesser des Lagers bestimmt.

3 Nachdem die Abstandshalter und Kontermuttern entfernt sind, wird das Zahnkranzgehäuse abgenommen. Bei den meisten Industrielagernaben ist die Kassette aufgesteckt und mit dem Abstandshalter gesichert. Manchmal wird jedoch ein Shimano-typisches Kassetten-Freilaufgehäuse auf das Nabengehäuse geschraubt; entfernbar mit einem 10-mm-Inbusschlüssel.

4 Die alten Kugellager werden herausgeklopft – dazu wird mit einem Kunststoffhammer auf die Radachse geschlagen. Nachdem eine Seite frei ist, wird das Lager herauskommen, aber noch auf der Achse stecken. Die Achse kann dann dafür benutzt werden, um das/die in der Nabe sitzende(n) Lager auszutreiben.

5 Diese Bontrager-Nabe ist mit einem verschraubten Zahnkranzgehäuse ausgerüstet, das genauso wie bei einer Shimano-Nabe mit einem 10-mm-Inbusschlüssel demontiert werden muss (siehe Schritt 3). Hier ist der Bund zu sehen, der das Lager sichert. Bevor ein neues Lager eingebaut wird, muss alles sorgfältig gereinigt werden.

6 Das auf der Achse verbleibende Lager kann entfernt werden, indem man die Achse in ein geeignetes Rohr steckt, auf dem das Lager aufliegt, und sie herausklopft. Die Achse kann zum Austreiben des anderen Lagers benutzt werden. Um ein Lager zu ersetzen, muss es auf ein Rohr gelegt werden, das nur den Innenring berührt, dann wird die Achse eingetrieben. Wenn das Lager am Bund in der Mitte der Achse liegt, kann es in die Nabe installiert werden.

7 Industriekugellager sind mit einer Bezeichnung markiert, die es jedem Fachhändler für Industriebedarf oder Fahrradhändler erlaubt, ein passendes Ersatzteil zu beschaffen.

8 Die neuen Lager müssen mit einem geeigneten Stempel eingetrieben werden, der lediglich den Außenring berührt und nicht den Dichtring beschädigt, außerdem muss er in die Nabe passen. Fetten Sie den Außenring etwas ein, und legen Sie ihn senkrecht auf die Nabe. Legen Sie den Stempel auf, und klopfen Sie das Lager mithilfe eines Kunststoffhammers in seinen Sitz.

9 Die meisten Industrielager-Naben haben ihre eigenen Zahnkranztypen. Diese werden normalerweise nach dem Entfernen der Konterringe und Abstandshalter abgezogen. Innerhalb der Nabe sitzen eine Reihe Zähne, und am Zahnkranzgehäuse befinden sich drei Federklauen, die beim Treten der Pedale in die Zähne greifen und im Freilauf klickende Geräusche erzeugen. Die Ringfeder dieser Nabe hält die Klauen in Position.

10 Hier ist die Innenverzahnung der Nabe zu erkennen, die vollständig gereinigt und wieder dünn gefettet werden muss, bevor das überarbeitete Zahnkranzgehäuse eingesetzt wird.

11 Nachdem die Klauen vorsichtig entfernt wurden, entfernt man mithilfe einer Zahnbürste sämtliches alte Fett aus den Klauen- und Federsitzen des Zahnkranzgehäuses.

12 Der hier gezeigte Zahnkranz ist mit einer einzelnen Ringfeder ausgerüstet, sodass die Klauen in das Fett gesetzt werden und die Feder darüber installiert werden muss. Dies kann manchmal dauern, da es etwas kniffelig ist. An vielen Naben hat jede Klaue ihre eigene Feder. Wenn diese ermüden, müssen sie unverzüglich ersetzt werden, da sie in der Innenverzahnung verklemmen und den gesamten Freilauf zerstören können.

13 Damit der Freilauf seine Aufgabe gut erfüllt und die Kette nicht durchhängen lässt, müssen seine Klauen mit dünnem Fett geschmiert werden. Um das Zahnkranzgehäuse wieder in die Nabe installieren zu können, müssen die Klauen ins Gehäuse gedrückt werden. Manche Naben sind hierzu mit einem Ring-Clip-Werkzeug ausgerüstet, doch es kann auch ein Gewebeband um die Klauen gewickelt und nach dem Einschieben des Gehäuses wieder entfernt werden. Nachdem das Zahnkranzgehäuse eingesetzt ist, muss kontrolliert werden, ob es sich frei dreht.

Abgedichtete Lager

- Industriekugellager müssen mit einer alten Achse oder einem aus weichem Metall bestehenden Treibdorn entfernt werden. Hier muss darauf geachtet werden, die Nabe innen nicht zu beschädigen – ein sanfter Schlag sollte ausreichen, um das Lager zu befreien.
- Bei etwas Sorgfalt können die Dichtringe mit einer Skalpellklinge entfernt und das alte Fett mit Fettlöser herausgewaschen werden. Frisches Fett wird mit einer Fettpresse in das Lager gedrückt.
- An mit abgedichteten Industrielagern ausgerüsteten Naben dürfen keine mit starken Lösungsmitteln versetzten Schmierstoffe eingesetzt werden – sie können die Dichtringe beschädigen und das Fett herauswaschen.

Mavic-Laufräder

Bei Mavic werden seit über einem Vierteljahrhundert Industrielager verwendet – und Mavic baut exzellente Laufräder damit. Weil sie sehr populär sind und die meisten dieser Laufräder mit den gleichen Naben ausgerüstet sind, habe ich sie hier extra aufgeführt.

Der Freilauf und das Zahnkranzgehäuse müssen regelmäßig gewartet werden – mindestens zweimal im Jahr und beim Austausch des Zahnkranzes. Sorgfältiges Entfetten und Zusammensetzen sorgt dafür, dass der Freilauf sanft arbeitet und der Mechanismus nur wenig verschleißt. Der Aufbau ist ziemlich einfach, aber auch

sehr wirkungsvoll; zudem sind Mavic-Räder ohne Spezialwerkzeug leicht zu warten. Und weil sie so populär sind, lassen sich Ersatzteile und Lager einfach beschaffen und ersetzen.

Vorderrad

1 Die Abdeckkappen sind nur auf die Achse gedrückt und mit einem in eine Nut einrastenden Gummiring gesichert – entsprechend einfach sollten sie sich abziehen lassen.

2 Mithilfe des den Mavic-Laufrädern beigefügten Zapfenschlüssels aus Kunststoff wird der Flansch entfernt, der dafür sorgt, dass kein Schmutz an die Lager und die Achse gelangt.

3 Die Achse ist mit einem 5-mm-Innensechskant versehen, sodass sie mit einem Inbusschlüssel am Mitdrehen gehindert werden kann. Der Flansch sollte sich leicht lockern lassen.

4 Nachdem der Flansch entfernt ist, liegt die Achse locker in der Nabe; nur selten muss sie mit leichten Kunststoffhammer-Schlägen gelöst werden.

5 Nachdem die aus Aluminium bestehende Achse herausgezogen wurde, sind die Lager sichtbar.

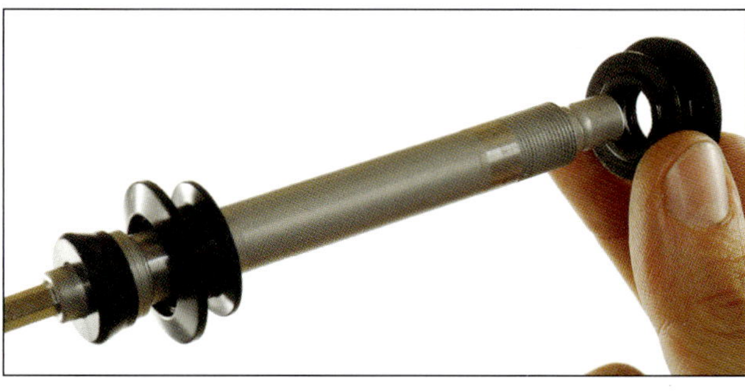

6 Hier sieht man, dass die Achse nur an einer Seite mit einem Gewinde versehen ist, mit dem nach dem Zusammenbau des Rades eine Feineinstellung der Lager erfolgt.

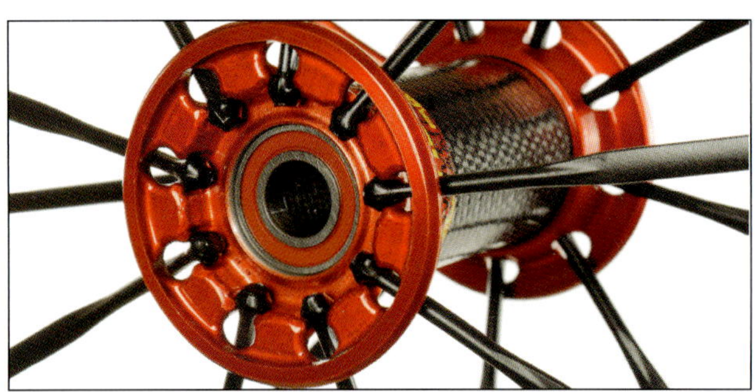

7 Nachdem die alten Industrielager durch Neuteile ersetzt wurden (siehe Seiten 70 bis 72), wird die Achse dünn eingefettet und alles wieder zusammengebaut.

8 Nachdem das Rad in der Gabel sitzt, werden die Lager eingestellt. Hierzu dreht man das Rad und verdreht die Nabe, bis sie sich frei – aber auch spielfrei – dreht. Die Räder müssen regelmäßig kontrolliert und die Achse von Hand gedreht werden, um zu erfühlen, ob die Lager in Ordnung sind.

Hinterrad

1 Zunächst wird das Zahnkranzgehäuse entfernt und gereinigt (siehe Seite 114). Die Zerlegung der Nabe beginnt auf der linken Seite. Die Abdeckkappen sind einfach in die Achse gesteckt und müssen zuerst entfernt werden.

2 Wie beim Vorderrad muss der Flansch mit dem Mavic-Werkzeug entfernt werden; dieser dichtet die Nabe ab und sichert die Achse.

3 Die Achse wird mit einem 5-mm-Inbusschlüssel gehalten, während der Flansch abgeschraubt wird.

4 Während der 5-mm-Inbusschlüssel in der Achse verbleibt, wird links ein 10-mm-Inbusschlüssel eingesteckt und die Hauptachse vom Zahnkranzbolzen gelöst.

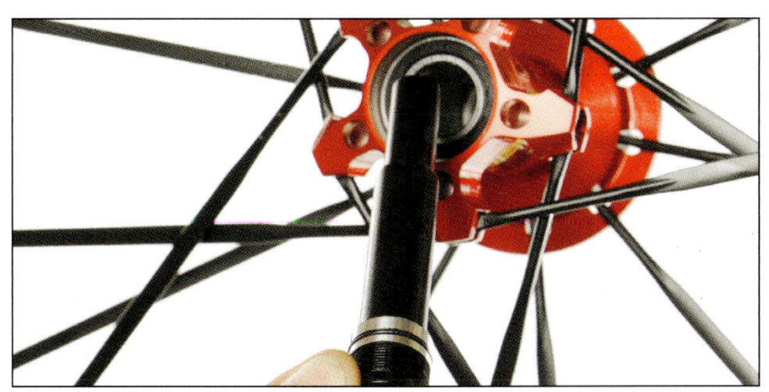

5 Der linke Teil der Achse lässt sich jetzt herausziehen; ihre Größe sorgt für zusätzliche Stabilität im Hinterrad. Das linke Lager muss nun von rechts her mit einem geeigneten Werkzeug ausgetrieben werden.

6 Der rechts im Rad verbliebene Achsenstutzen kann jetzt aus dem Zahnkranz entfernt und dessen Gehäuse aus der Nabe gezogen werden.

7 Das Zahnkranzgehäuse kann jetzt gereinigt und wieder montiert werden. Falls am Befestigungsbolzen innerhalb des Gehäuses eine Scheibe vorhanden war, muss diese unbedingt wieder installiert werden, damit ein korrekt funktionierender Freilauf sichergestellt werden kann.

8 Die Lager und die Freilaufklauen verbleiben im bzw. am Nabengehäuse. Die Klauen sollten mit einer Zahnbürste gereinigt und anschließend mit dünnem Öl geschmiert werden; die Lager können ausgetauscht werden.

9 Nachdem die Nabe wieder montiert und ins Fahrrad eingebaut ist, werden die Lager wie beim Vorderrad eingestellt. Achten Sie auf einen fest angezogenen Schnellspanner.

Reifen

Größe

Die Reifenbreite ist nicht, wie man denken mag, einfach die Profilbreite, sondern sie basiert auf der Karkassengröße. Manche haben ein höheres Profil und andere dickeres Gummi, sodass sie größer erscheinen. Die European Tyre and Rim Organisation (ETRTO) sowie die Internationale Standard-Organisation (ISO) ermitteln die Breite nach der gleichen Methode: Der über das Profil gemessene Abstand zwischen den beiden Reifenwülsten wird durch 2,5 geteilt.

Die international anerkannte Reifengröße für Rennradreifen ist heute 700, früher hieß sie 27 x 1 oder 1 ¼ Zoll. Die gleiche Messung gilt auch für Schlauchreifen, obwohl diese eine völlig andere Felge benötigen (mehr dazu auf Seite 84). Es gibt allerdings Hersteller, die ihre Reifen vom Rand der Wulst zur Mitte der Karkasse vermessen – so können manche ihrer Reifen bei gleichem Volumen dank tieferem Profil größer aussehen.

Schlauch gegen Wulst

Der aktuelle Trend zu Carbonfelgen und tief profilierten Rädern bedeutet für Schlauchreifen eine kleine Renaissance. Die rührt hauptsächlich daher, dass sich komplizierte Felgenformen nur sehr schwierig aus Kohlefaser herstellen lassen, allerdings werden die Felgenbauer immer besser darin, Wulstfelgen zu produzieren. Mehr über Schlauchreifen findet sich auf Seite 84. Ein Schlauchlos-System für Rennräder (wie UST-Mountainbike-Räder) ist noch in der Entwicklung. Es benötigt kaum mehr Vorbereitungszeit wie ein Standardlaufrad, doch das Ergebnis ist gut und die Chance, einen Plattfuß oder ein anderes Schlauchproblem zu bekommen, ist deutlich geringer. Auch Wulst/Schlauchreifen sind erhältlich; sie sind mit Schläuchen ausgerüstet, ähneln jedoch den herkömmlichen Wulstfelgen.

Wülste

Alle Wulstreifen sind an den Rändern mit je einer Wulst ausgerüstet, die den Reifen auf der Felge sichert. Die aus Stahldrähten gefertigten Wülste halten den Reifen in sei-

ner runden Form. Solche aus Aramid (Markenname Kevlar) sind flexibel, doch beide haben unterschiedliche Stabilitäten. Stahlwulstreifen sind etwas flexibel, sodass sie sich auf der Felge dehnen, Kevlar dehnt sich nicht, sodass die Wülste etwas länger sind, damit der Reifen überhaupt auf die Felge gezogen werden kann. Der Hauptvorteil von Kevlar ist das geringe Gewicht, zudem kann man Faltreifen als Ersatz für längere Fahrten mitführen. Das größte Minus ist der Preis – Kevlar ist seit über 40 Jahren auf dem Markt, doch der Hersteller DuPont lässt sich seine Monopolstellung noch immer gut bezahlen.

Verbindungen

Unterschiedliche Farben weisen bei Reifen oft auf unterschiedlich harte Gummimischungen hin. Manche Fahrer fühlen sich mit weicheren Reifen sicherer, da sie bei Nässe besser haften. Im Allgemeinen sind schwarze Reifen härter als bunt eingefärbte und halten länger, doch generell gilt, dass die Gummiqualität einen großen Einfluss auf den Grip und den Verschleiß eines Reifens hat – und dies schlägt sich oft im Preis nieder.

Weichere und leichtere Rennreifen sind empfindlich gegen eindringende Gegenstände und verschleißen schnell. Zwischen der Verbesserung der Haftung und geringem Gewicht muss immer eine Abwägung erfolgen.

Nachdem man die Variablen bewertet hat, sollte ein Reifenprofil entsprechend seiner Qualität und Haltbarkeit ausgewählt werden – aber nicht nach seiner Optik. Auch die Streckenbedingungen spielen bei der Reifenwahl eine wichtige Rolle. Das Wetter in Nord- und Mitteleuropa kann sehr hart zu Reifen sein.

Dick oder dünn?

Profilmuster werden durch den Querschnitt des Reifens beeinflusst – die Breite und Höhe des Reifens kann das Fahrverhalten genauso beeinflussen wie das Profil selbst. Dickere Reifen bieten etwas mehr Federungskomfort, haften besser, sind aber auch pannenanfälliger. Dünne Reifen rollen leichter, geben Unebenheiten aber auch direkt an den Fahrer weiter. Generell bevorzugen schwerere Fahrer etwas dickere Reifen, wogegen Leichtgewichte eher den direkten Kontakt zum Asphalt lieben.

Die wichtigsten Rennreifengrößen sind 700 x 19, 700 x 20, 700 x 23, 700 x 25 und 700 x 28. Es gibt noch breitere Reifen, doch sie kommen hauptsächlich bei Trecking- oder City-Bikes zum Einsatz. Die schmaleren Größen werden bei Bahnrennern und Zeitfahrmaschinen eingesetzt, die breiteren für schlechte Straßen und Trainingsräder. Für die meisten Fahrer sind Reifen der Größe 700 x 23 ideal für alle Straßenzustände.

Die Meinungen über den Einfluss der Reifenbreite auf den Rollwiderstand und die Aerodynamik gehen auseinander, und die Forschung ist noch nicht am Ende. Ein schmaler Reifen scheint zunächst auch weniger Rollwiderstand zu haben, doch ist dies nicht zwingend der Fall. Die Fahrbahn und der Reifendruck sind ebenfalls sehr wichtige Faktoren. Zudem bieten breite Reifen mehr Komfort und erlauben höhere Kurvengeschwindigkeiten. Mein Rat ist daher, sich um den Komfort und die Fahrqualität zu kümmern, bevor es um schnittige Optik und das Einsparen einiger Gramm geht. Man muss die Reifenbreite finden, die den eigenen Fahrgewohnheiten entspricht, und den aufgepumpten Reifen am Fahrrad sehen, bevor man ihn kauft.

Luftdruck

Der Reifendruck hat einen großen Einfluss auf das Fahrverhalten und die Stabilität des Rades. Zu viel Luft erlaubt ein höheres Tempo – auf Kosten des Komforts und der Haftung in Kurven. Ein zu geringer Druck sorgt für einen weichen und trägen aber komfortablen Ritt, zudem können leichter Pannen auftreten (siehe unten).

Die auf den Reifenflanken angegebene Luftdruckempfehlung sollte möglichst eingehalten werden. Man kann man mit unterschiedlichen Drücken und Reifen entsprechend den Umständen experimentieren – härtere und schmalere Reifen für guten Asphalt, aber auch matschige Straßen, weichere und breitere Reifen für anspruchsvolle und kurvige Strecken. Generell empfiehlt es sich, bei Nässe den Druck um fünf

bis zehn Prozent zu verringern, um die Haftung zu verbessern.

Laufrichtungsvorgaben

Es gibt Reifen mit Laufrichtungsvorgaben – also an den Flanken angebrachten Pfeilen, die entsprechend der Position (FRONT = Vorderrad – REAR = Hinterrad) in die normale Drehrichtung zeigen müssen. Ist keine Pfeilmarkierung vorhanden, gilt die Faustregel, wonach das pfeilförmige Profil in die Drehrichtung zeigen sollte.

Risse und Löcher

Größere Risse im Reifen können dazu führen, dass der Schlauch sich hindurchdrückt und platzt.

An ultraleichten Rennreifen treten gelegentlich aufplatzende Flanken auf, während durchgehend schwarze Reifen oft mehr Flankenschutz bieten, da das Gummi den Reifen rundherum schützt. Sehr wichtig ist, dass die Bremsen korrekt eingestellt sind und die Flanken nicht beschädigen.

Schlangenbisse

Wenn man hart auf einen Stein, einen Bordstein oder ein Schlagloch fährt, wird der Schlauch zwischen dem Objekt und der Felge eingeklemmt und beidseitig beschädigt – er erhält einen »Schlangenbiss«. Wie diese repariert werden können steht in Schritt 4 auf Seite 82.

Montage von Reifen und Ersetzen von Schläuchen

Werkzeug:

- **Montierhebel (besser zwei Stück)**
- **Ersatzschlauch (oder Flickzeug)**
- **Luftpumpe**

1 Das Laufrad muss mit einem guten Felgenband ausgerüstet werden. Dieses sollte auf der Felge kleben, damit es sich beim Aufpumpen nicht verschiebt. In der Felge dürfen keine scharfkantigen Objekte vorhanden sein, alle Speichenlöcher müssen abgedeckt sein.

2 Um unter die Wulst zu kommen, muss der Reifen in die Felgenmitte gedrückt werden, dann wird mit dem Montierhebel der Wulst über den Felgenrand gehebelt. Hat man zwei Montierhebel zur Verfügung, wird der zweite Hebel ein Stück weiter angesetzt. Der Reifen sollte sich so rasch an einer Seite rundherum abhebeln lassen – er sollte zu diesem Zeitpunkt noch nicht vollständig von der Felge entfernt werden.

3 Ziehen Sie den Schlauch vom Reifen weg, und packen Sie ihn beiseite – er kann später repariert werden. Prüfen Sie, ob das Felgenband sich gelockert und verschoben hat, sodass ein offenes Speichenloch den Schlauch beschädigen kann. Die Reifenflanken müssen penibel auf eingedrungene Objekte überprüft werden, auch dürfen sich keine Fremdkörper im Reifen befinden, die den Schlauch nach dem Aufpumpen erneut beschädigen können.

4 Der Ersatzschlauch wird mit zwei Hüben aus der Minipumpe etwas aufgepumpt, damit er gerade eben eine runde Form annimmt, aber im Durchmesser nicht größer als die Felge wird. Jetzt wird das Ventil durch die Bohrung in der Felge gesteckt; es muss korrekt in der Felge sitzen. Drücken Sie jetzt den Reifen über die Oberseite des Schlauchs.

Reifen-Tipps

Vorder- und Hinterreifen sollten regelmäßig ausgetauscht werden, damit sie länger halten – der Hinterreifen verschleißt schneller als der vordere.

Neue Reifen können mit einer Beschichtung versehen sein, die nur wenig Haftung bietet. Eine vorsichtige Fahrt auf nasser Straße und eine sorgfältige Wäsche mit Fettlöser sollten die Beschichtung rasch entfernen.

Ein neuer Schlauch sollte mit etwas Talkum in einen Plastikbeutel gepackt und geschüttelt werden, damit er überall damit überzogen wird und so leichter in seine Position rutscht.

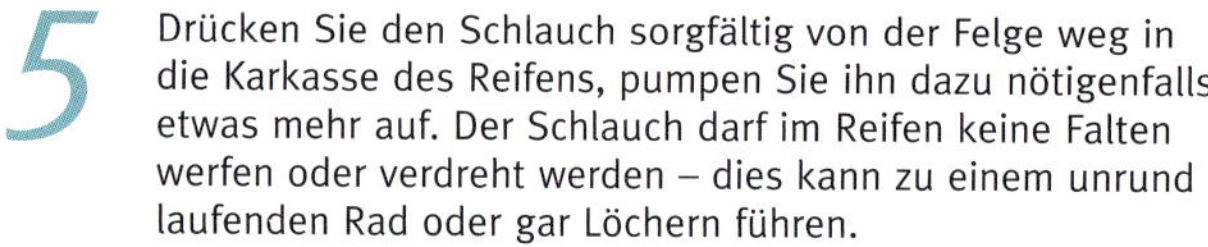

5 Drücken Sie den Schlauch sorgfältig von der Felge weg in die Karkasse des Reifens, pumpen Sie ihn dazu nötigenfalls etwas mehr auf. Der Schlauch darf im Reifen keine Falten werfen oder verdreht werden – dies kann zu einem unrund laufenden Rad oder gar Löchern führen.

6 Jetzt wird am Ventil damit begonnen, die offene Seite der Reifenwulst zu beiden Seiten rundherum in die Felge zu drücken, bis nur noch ein kleiner Bereich übrig bleibt.

7 Ziehen Sie den Rest der überstehenden Wulst von Hand in die Felge – ein Montierhebel kann den Schlauch beschädigen. Bei manchen Reifen kann dies etwas kniffelig werden, sodass ein Assistent nötig werden kann. Nachdem der Reifen in der Felge sitzt, muss geprüft werden, ob die Wulst nicht den Schlauch zwischen den Reifen und die Felge gequetscht hat – dies kann den Reifen von der Felge ziehen oder zumindest unrund laufen lassen; ein in dieser Position aufgepumpter Schlauch kann zudem platzen.

8 Schließlich wird der Reifen mit dem empfohlenen Luftdruck aufgepumpt. Wenn der Reifen nicht gleichmäßig in der Felge sitzt und dadurch unrund läuft, muss die Luft größtenteils wieder abgelassen und der Reifen entsprechend hingezogen werden. Etwas Talkum kann helfen, den Reifen in die korrekte Position springen zu lassen. Mehr über Mini-Luftpumpen finden Sie auf Seite 83.

Reifen-Tipp

- Klappernde Ventile? Das besonders bei sehr tiefen Felgen auftretende Problem kann durch Umwickeln des Ventilschaftes mit Dichtband vor dem Einbau behoben werden.

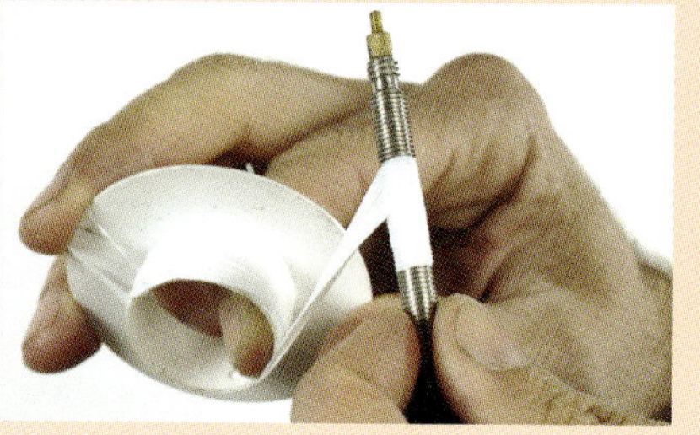

Reifenpanne unterwegs reparieren

Plattfüße gehören zum Leben eines Radfahrers einfach dazu. Ich habe jedes Jahr etwa zwanzig Löcher im Reifen, von daher ist Flicken deutlich billiger, als jedesmal einen neuen Schlauch zu benutzen. Wer auf Strecken fährt, die mit Splitt oder Dornen übersät sind, muss mit noch mehr Schäden rechnen.

Die einzig mögliche Vorbeugung sind das Fahren mit korrektem Luftdruck und der regelmäßige Austausch der Reifen. Mit etwas Übung ist ein Reifenwechsel schnell geschafft.

Sobald man einen Plattfuß bemerkt, muss man anhalten. Es ist immer besser, sofort mit der Reparatur zu beginnen, als zu versuchen, mit einem beschädigten Reifen weiterzufahren. Ohne Luft zu fahren, kann rasch die Felge beschädigen, wenn man auf irgendeine Unebenheit trifft. Sofort anzuhalten, ermöglicht es einem auch, das in den Reifen eingedrungene Teil zu finden und zu entfernen und dabei gleichzeitig die Position des Loches zu bestimmen. Bauen Sie das Rad aus, und hängen Sie das Fahrrad an einen geeigneten Ast oder in eine Hecke. Wenn das Hinterrad platt ist, muss darauf geachtet werden, dass die Kette nicht den Boden berührt (der Ausbau der Laufräder ist auf den Seiten 29 bis 31 beschrieben).

Viele Fahrer haben immer mindestens zwei Ersatzschläuche dabei – es ist immer besser, unterwegs den Schlauch zu ersetzen, als zu versuchen, ihn zu flicken. Wer möchte bei Schnee oder Regen schon gerne den Schlauch anrauen, das Vulkanisiermittel anbinden lassen und warten, bis alles getrocknet ist? Das Reparieren von Schläuchen sollte besser im Trockenen erfolgen, da das Flicken eines Loches etwa zehn Minuten in Anspruch nimmt. Bei einem anständigen Flickzeug ist es ziemlich unwahrscheinlich, dass der Schlauch leckt – die meisten Flicken sind sogar stabiler als der Schlauch selbst. Zu Hause sorgfältig geflickte Schläuche als Ersatz mit auf die Strecke zu nehmen, sorgt dafür, dass man die Fahrt ohne fremde Hilfe rasch fortsetzen kann.

Ventiltypen

Sowohl die dünnen Sclaverand-Ventile (auch französische Ventile genannt) wie auch die dicken Schrader-Ventile aus dem Auto- und Motorradbereich haben ihre jeweiligen Vorzüge. Sclaverand-Ventile vertragen größere Drücke und halten besser dicht als Schrader-Ventile. Vor dem Aufpumpen muss die kleine, auf einem Ventilstift sitzende Rändelmutter gelöst werden, zum Schluss muss sie wieder gesichert werden.

Schrader-Ventile können an jeder Tankstelle aufgepumpt werden, allerdings vertragen sie keine hohen Drücke. Der Ventilkern kann mithilfe eines einfachen in die Kappe integrierten Werkzeugs ausgetauscht werden – bei Sclaverand-Ventilen ist dies nur selten möglich. Manche Trekking- und Mountainbikes sind mit Schrader-Ventilen ausgerüstet, Rennräder aufgrund des hohen Luftdrucks und der schmalen Bauweise (die eine Felgenbohrung von nur 6,5 statt 8,5 mm erforderlich macht) fast immer mit Sclaverand-Ventilen.

Reifen-Tipp

- Das Reifenprofil muss regelmäßig auf eingedrungenen Splitt oder Glasscherben untersucht werden, bevor sie sich durch den Reifen hindurch in den Schlauch arbeiten. Bevor solche Teile entfernt werden, sollte der Luftdruck verringert werden (falls man sie aus Versehen noch weiter hineindrückt); dann pult man sie mit einem spitzen Gegenstand heraus.

Flicken eines Schlauchs und Benutzen einer Miniluftpumpe

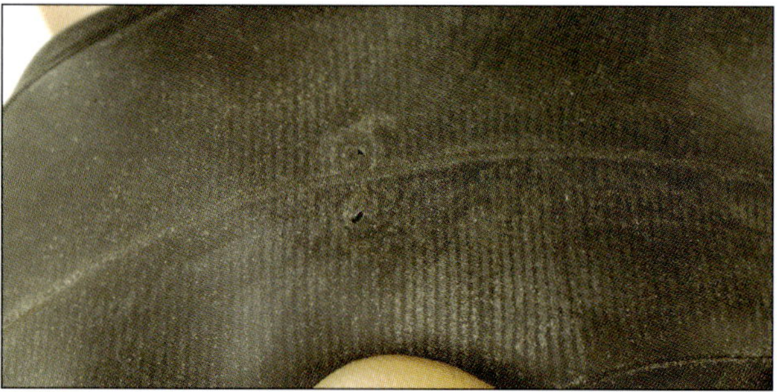

1 Lochsuche: Meist reicht es aus, den Schlauch etwas aufzupumpen und abzuhorchen. Ein Eimer Wasser ist nur für ganz kleine Löcher erforderlich, aus denen man auch bei starkem Aufpumpen kein Zischen hört. Sobald man das Loch entdeckt hat, muss man es markieren (Kugelschreiber), damit man es nicht wieder verliert.

2 Zunächst muss der Bereich um das Loch herum mit Sandpapier aufgeraut werden, damit das Vulkanisiermittel in das Gummi eindringen kann. Beim Vulkanisiermittel handelt es sich um einen Kontaktkleber für dessen Wirksamkeit ein fettfreier und trockener Schlauch unerlässlich ist.

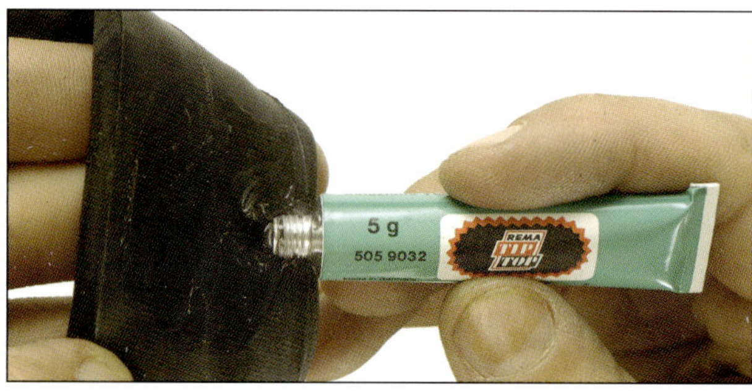

3 Verteilen Sie reichlich Klebstoff auf dem Schlauch. Beginnen Sie am Loch und arbeiten Sie sich von dort aus auf die Größe des Flickens nach außen vor. Behalten Sie die Position des Loches im Auge, damit der Flicken später mittig darauf gesetzt werden kann. Lassen Sie das Vulkanisiermittel etwa fünf Minuten abbinden, bis es fast trocken ist.

4 Die meisten Löcher können mit 2 cm großen Rundflicken abgedichtet werden. Flicken mit festem Druck auf den Schlauch pressen, bevor dieser aufgepumpt wird. Dehnen Sie den Schlauch um den Flicken herum etwas – so lässt sich prüfen, ob er richtig haftet. Falls der Schlauch einen »Schlangenbiss« (siehe Seite 78) abgekriegt hat, sollten beide Löcher mit einzelnen Flicken abgedichtet werden.

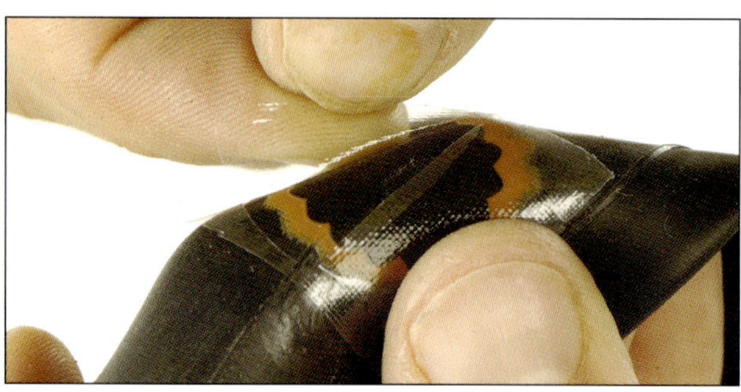

5 Jetzt wird die Schutzfolie vom Flicken gezogen – ohne diesen vom Schlauch zu lösen. Die Folie stellt sicher, dass man nicht die Flickenunterseite berührt und dieser sich leichter auf den Schlauch drücken lässt.

6 Durch Einpudern des geflickten Bereiches mit Talkum wird erreicht, dass der Schlauch nicht im Reifen klebt und beim Aufpumpen leichter in die richtige Position gleitet.

7 Vor dem Aufpumpen muss bei Sclaverand-Ventilen die kleine auf dem Ventilstift sitzende Rändelmutter gelöst werden; dann wird das Ventil kurz eingedrückt, damit es sich lockert.

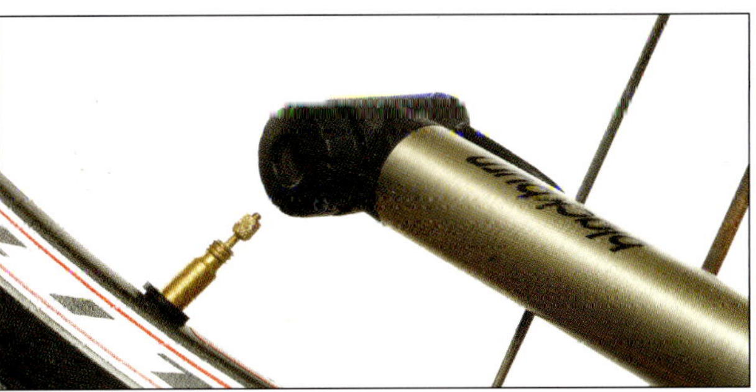

8 Drücken Sie die Luftpumpe fest auf das Ventil. Eventuell muss das Ventil mit dem außen auf den Reifen gedrückten Daumen in seinem Sitz gesichert werden (manche Ventile sind mit Konterringen ausgerüstet, die ihren Sitz sichern.

9 Alle guten Minipumpen sind mit einem Arretierhebel ausgerüstet, der die Pumpe fest und abgedichtet auf dem Ventil sichert, sodass man sich alleine auf das Pumpen konzentrieren kann. Die Einzelteile des Pumpenventils können ausgebaut und ggf. erneuert werden. Die Dichtung kann ebenfalls getauscht werden, um anderen Ventilen angepasst zu werden – beachten Sie dazu die Hinweise des Luftpumpenherstellers.

10 Pumpen Sie mit festem Druck, aber nicht zu eilig. Pumpt man zu hart oder in einem schlechten Winkel, kann das Ventil verbogen oder sein Verschluss abgerissen werden. Nutzen Sie den gesamten Hub der Pumpe, und lassen Sie sich Zeit. Der Reifen muss möglichst bis zu dem empfohlenen Luftdruck aufgepumpt werden. Zum Schluss muss bei Sclaverand-Ventilen die Rändelmutter wieder gesichert werden.

Reifen-Pflaster

Größere Risse im Reifen müssen repariert werden, da ansonsten der Schlauch herausquillt und platzen wird. Am besten eignen sich entsprechende Mantel-Innenpflaster, doch im Notfall kann auch ein Stück Pappe hinter den Riss gesetzt werden; auch Klebeband ist stabil genug und gibt dem Schlauch zusätzlichen Schutz. Umwickeln Sie Ihre Minipumpe mit solchen Behelfsmitteln. Nachdem der Riss abgedeckt ist, darf der Reifen nicht mehr mit dem vorgeschriebenen Luftdruck gefahren werden, um den beschädigten Bereich nicht so stark zu belasten. Der Rest der Strecke muss auch entsprechend vorsichtig gefahren werden.

»Kleberlose« Flicken

Obwohl sie nicht wie Vulkanisierflicken als dauerhafte Lösungen geeignet sind, eignen sich ohne Klebstoff aufgetragene Flicken für Notfallreparaturen – besonders in Eile oder bei Nässe. Wie bei normalen Flicken muss der Bereich um das Loch herum angeraut werden, damit der Flicken gut sitzt. Ziehen Sie den Flicken von der Trägerfolie, legen Sie ihn auf das Loch, und drücken Sie ihn fest mit den Daumen an. Direkt danach kann der Schlauch installiert und aufgepumpt werden.

Schlauchreifen

Was auch immer über die Qualität von Hochdruck- oder Wulstreifen an Fahrrädern behauptet wird: Die Abrollqualitäten von Schlauchreifen auf einem Satz leichter Sprint-Felgen bleiben unschlagbar.

Warum ist das so? Zunächst hat die Felge eine wesentlich unkompliziertere Form als eine Tiefbettfelge für einen Wulstreifen samt Schlauch. Sie wird unter Last etwas komprimiert und bietet bei hohem Luftdruck etwas mehr Komfort. Ein Schlauchreifen kann mit bis zu 14 bar aufgepumpt werden, da der Schlauch in der Reifenkarkasse vernäht ist – Wulstreifen springen bei Drücken von über 10 bar von der Felge und würden wahrscheinlich jenseits von 9 bar sowieso zerstört werden.

Der aktuelle Trend zu leichten und tiefen Carbonfelgen hat bewirkt, dass der Schlauchreifen eine Renaissance erlebt – einfach weil es schwierig ist, hochwertige Wulstfelgen aus Carbon herzustellen –, aber auch weil Profis generell mit Schlauchreifen unterwegs sind und damit schneller, bequemer und bei Nässe sicherer fahren. Ein weiterer Vorteil ist, dass sie bei einem Plattfuß nicht abspringen, sodass der Fahrer sein Rad auch bei plötzlichem Druckabfall unter Kontrolle halten kann.

Greg LeMond gewann die Straßenweltmeisterschaft trotz eines geplatzten Schlauchreifens souverän – eine Leistung, die mit einem Wulstreifen unmöglich gewesen

wäre. Ein Wulstreifen wird bei abfallendem Druck äußerst gefährlich und kann von der Felge springen – was nicht nur für die Felge, sondern auch für die Knochen des Fahrers hässliche Folgen haben kann. Schlauchreifen sind pannenresistenter, weil ein Schlauch weder eingequetscht noch von einem Speichenloch zerrissen werden kann.

Entgegen der verbreiteten Meinung lassen sich Schlauchreifen sogar ziemlich einfach montieren. Bei den ersten Versuchen kann es etwas schwierig werden, doch mit etwas Erfahrung wird die Arbeit deutlich leichter. Hier ist eine Möglichkeit beschrieben, Schlauchreifen auf die Felge zu kleben (auch hier hat jeder Mechaniker seine persönliche Technik). Ohne einen festen Griff geht allerdings nichts.

Vor Beginn

Zunächst sollte man die Montage einige Male ohne Klebstoff üben. So lernt man, wie viel Druck nötig ist, um den Reifen auf die Felge zu ziehen, während der Kleber dort bleibt, wo er hingehört – und nicht seitlich herausdrückt.

Vorbereitung

1 Zuallererst muss beim alten Schlauchreifen die Luft abgelassen werden, damit er von der Felge gezogen werden kann. Dann wird die Felge gereinigt. Neue Aluminiumfelgen können eine Schutzschicht aus Fett aufweisen oder mit Bearbeitungsspänen verschmutzt sein, zudem setzen Laufradbauer die Speichennippel mit Öl ein. Jegliches Öl und Fett sorgt dafür, dass der Kleber seine Aufgabe nicht erfüllen kann. Bremsenentfetter eignet sich perfekt für die Vorbereitung, da er rasch trocknet und nicht weiter abgewaschen werden muss.

2 An gebrauchten Felgen finden sich oft Klebstoffklumpen, die dafür sorgen können, dass der Reifen nicht richtig rund läuft. Bremsabrieb und Straßenschmutz können die Wirkung des Klebers behindern, sodass das gesamte Laufrad sorgfältig gereinigt und vollständig getrocknet werden muss, bevor der neue Klebstoff aufgetragen wird.

3 Hartnäckiger Klebstoff muss mit einer feinen Drahtbürste entfernt werden, zudem sind sämtliche Ablagerungen zu entfernen. Besonders bei Kohlefaser-Laufrädern muss darauf geachtet werden, dass die Bremsfläche der Felge nicht zerkratzt wird. Bei Carbonfelgen muss auch darauf geachtet werden, dass Lösungs- und Reinigungsmittel das Material nicht angreifen – beachten Sie hierzu die Herstellerhinweise.

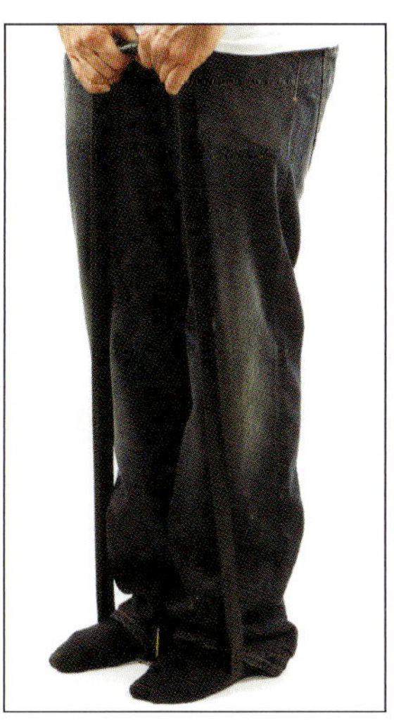

4 Platzieren Sie den Reifen wie gezeigt mit dem Ventil zwischen den Füßen, und ziehen Sie ihn fest, aber langsam nach oben, um ihn etwas zu dehnen. Das Dehnen kann auch auf einer Ersatzfelge oder durch starkes Aufpumpen erfolgen; in dieser Position sollte der Reifen möglichst über Nacht gelagert werden.

5 Schlauchreifenkleber ist ein Kontaktkleber, der nur funktioniert, wenn zwei damit eingestrichene Gegenstände gegeneinandergedrückt werden. Die meisten dieser Kleber müssen fast vollständig antrocknen, und wenn sie einmal ausgehärtet sind, sind sie besonders gegen Scherkräfte sehr stabil – und halten so die Schläuche perfekt auf der Felge. Meine Lieblingskleber kommen von Continental, Vittoria und Tubasti – Continental-Schlauchreifenkitt ist überall erhältlich und sehr dauerhaft; zudem trocknet er sehr schnell an.

6 Der Klebstoff muss großzügig auf der Felge verteilt werden – dies geht auf verschiedene Arten: Man kann es mit dem Finger machen, doch besser funktioniert ein etwa einen Zentimeter breiter Pinsel. Nachdem die erste Schicht Klebstoff angetrocknet ist, wird eine zweite aufgetragen. Man muss nicht in Stress geraten, doch sollte die Felge relativ schnell bestrichen werden. Meiner Meinung nach geht dies am besten mit einem Zentrierständer, in dem das Rad gedreht werden kann; andernfalls sollte das Fahrrad auf den Kopf gestellt und das Rad in den entsprechenden Ausfallenden positioniert werden. Der Klebstoff darf nicht in Speichenbohrungen geraten. Weil er schnell verläuft und abtropft, muss er in kleinen Mengen aufgetragen und verteilt werden.

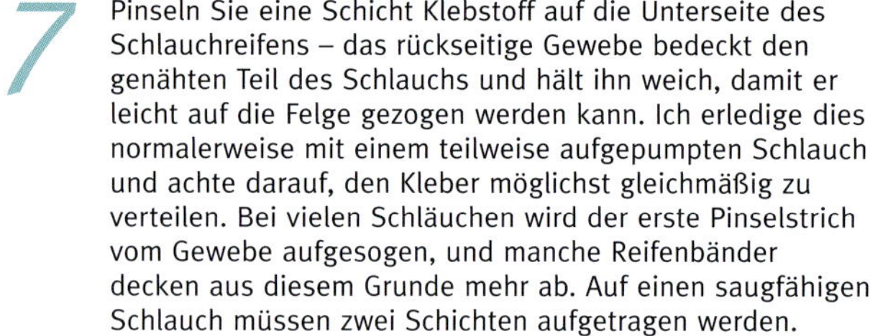

7 Pinseln Sie eine Schicht Klebstoff auf die Unterseite des Schlauchreifens – das rückseitige Gewebe bedeckt den genähten Teil des Schlauchs und hält ihn weich, damit er leicht auf die Felge gezogen werden kann. Ich erledige dies normalerweise mit einem teilweise aufgepumpten Schlauch und achte darauf, den Kleber möglichst gleichmäßig zu verteilen. Bei vielen Schläuchen wird der erste Pinselstrich vom Gewebe aufgesogen, und manche Reifenbänder decken aus diesem Grunde mehr ab. Auf einen saugfähigen Schlauch müssen zwei Schichten aufgetragen werden.

8 Schließlich wird eine letzte Schicht Klebstoff auf den Schlauch – aber nicht auf die Felge – aufgetragen und vor dem Aufziehen zehn bis zwanzig Minuten gewartet. Wieder muss der Kleber etwas antrocknen; besonders am Schlauch dürfen keine feuchten Stellen mehr vorhanden sein, da der Klebebereich angefasst werden muss. Nachdem der Schlauch fast völlig trocken ist, wird die Luft abgelassen, und er kann aufgezogen werden.

9 Während das Rad aufrecht auf einer harten Oberfläche steht (kein Teppich!), wird das Ventil in seine Bohrung gesteckt und der Schlauch auf beiden Seiten davon fest in die Felge gedrückt. Nun wird er an beiden Seiten des Ventils fest heruntergezogen und um die Felge herum mit Kraft angedrückt, bis man die Unterseite erreicht hat und nur noch ein kleiner Bereich des Reifens nicht an seinem Platz ist.

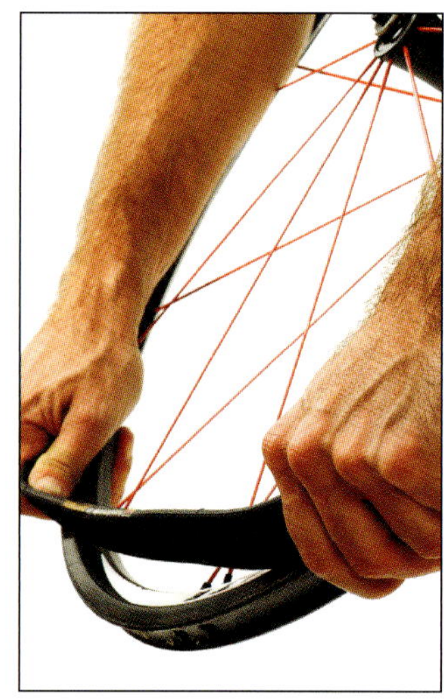

10 Jetzt wird das Rad angehoben und der verbliebene Teil des Schlauchs mithilfe der Daumen auf die Felge gedrückt. Um dies ohne große Schwierigkeiten erledigen zu können, werden die letzten 10 bis 15 cm gegriffen und über die Felge gehoben. Falls dies Probleme bereitet, muss das Rad umgedreht und der um das Ventil herum liegende Teil der Felge mit den Füßen heruntergedrückt werden (Schuh ausziehen!). Jetzt kann der Schlauch mit den Fingern hoch und über die Felge gezogen werden.

Ersatz-Schlauchreifen

Ich habe immer einen alten und verschlissenen Ersatz-Schlauchreifen dabei, der bereits mit etwas Kleber versehen ist. Falls kein Ersatzreifen vorhanden ist, wird ein neuer Schlauch mit etwas Kleber eingestrichen und gewartet, bis er vollständig abgetrocknet ist. Wird dieser Reifen bei einer Panne aufgezogen, kommt man damit immer sicher nach Hause. Mit einem ohne jeglichen Kleber versehenen Schlauchreifen darf niemals gefahren werden, da er rasch von der Felge rutscht und eine große Gefahr darstellt.

11 Pumpen Sie den Schlauch so weit auf, dass er die Form hält, und beginnen Sie damit, ihn in die Felge zu betten. Die Positionierung des Schlauchs kann etwas Geduld erfordern, da immer gleich viel Rückseitenband den Rand der Felge überlappen muss. Drehen Sie das Rad mehrmals um, damit sichergestellt ist, dass der Schlauch symmetrisch sitzt.

12 Das Ventil muss senkrecht in seiner Bohrung stecken – an einem abgewinkelten Ventil wäre eine Luftpumpe nur schwierig anzusetzen, zudem würde der Reifen nicht perfekt rund laufen.

13 Nun wird das Rad gedreht und geprüft, ob der Schlauchreifen an der Oberseite Beulen aufweist. Solange der Kleber noch nicht vollständig angetrocknet ist, kann der Reifen entsprechend verschoben werden.

14 Nachdem man schließlich den Reifen gleichmäßig auf der Felge positioniert hat und alle Klebestellen abgedeckt sind, wird er mit dem maximal möglichen Luftdruck aufgepumpt und für mindestens zwölf Stunden in Ruhe gelassen, bevor mit dem Fahrrad gefahren werden darf.

Lager-Tipps für Schlauchreifen

- Viele Rennmechaniker lagern Schlauchlosreifen mehrere Jahre, bevor Sie sie bei Wettbewerben einsetzen. So werden sie »reif«, und stabiler, sodass sie weniger anfällig auf Dornen und Splitt reagieren, bieten aber dennoch eine gute Traktion.
- Reifen dürfen nicht im Sonnenlicht gelagert werden, da die UV-Strahlen der Sonne die Flanken angreifen und rissig machen. Ersatzreifen sollten in Laufradtaschen und an einem trockenen Ort gelagert werden. Sobald sich die ersten Risse zeigen oder sich das Profil von der Karkasse ablöst, darf der Reifen nicht mehr benutzt werden.
- Alte Sprintfelgen eignen sich perfekt für die Lagerung und das Dehnen von Reifen. Dies bedeutet, dass sie später weniger »wackeln« und weniger Kraft beim Aufziehen erfordern.

Bahn-Schlauchlosreifen

Die meisten professionellen Bahnsportmechaniker verwenden einen harten Schellack-Kleber, denn die Reifen müssen den hohen Kräften in den Steilkurven eines Velodroms standhalten. Meiner Meinung nach ist Continental-Schlauchreifenkitt für Bahnrenner sehr gut geeignet; allerdings trage ich hier sicherheitshalber immer eine Schicht mehr auf.

Reinigung

- Nagellackentferner (Aceton) eignet sich sehr gut – allerdings lassen sich damit auch die Felgenaufkleber leicht beseitigen. Bei Carbonfelgen muss darauf geachtet – und ggf. nachgefragt – werden, welche Mittel verwendet werden dürfen.
- Während der Reinigung ist darauf zu achten, dass die Hände sauber bleiben, da man ansonsten damit an der Felge oder dem Reifen kleben bleibt.

Schlauchreifen-Band

Ich habe sogenanntes »Tub-Tape« für Notfälle benutzt, aber es ist nicht so gut wie Kleber. Tatsächlich haben sich die meisten Schlauchreifen von der Felge gelöst, weil die Fahrer solches Klebeband benutzt haben, aber dies nicht korrekt mit der Felge oder dem Reifen verklebt war. Falls man unbedingt Klebeband benutzen möchte, muss darauf geachtet werden, dass die Felgenoberfläche zunächst perfekt entfettet wird.

Schlauchreifen reparieren

Generell kann ein durchlöcherter Schlauchreifen repariert werden, doch ist hierfür reichlich Erfahrung und Handarbeit nötig. Viele Leichtreifen können nach einer Reparatur ohnehin nicht mehr bei Rennen eingesetzt werden. Manche Hersteller bieten an, eingeschickte Reifen zu reparieren, doch lohnt sich dies nur bei relativ neuen Pneus. Die meisten Schlauchreifen kriegen erst Löcher, wenn das Gewebe durchkommt oder der Reifen falsch aufgepumpt ist. Also ist es sinnvoll, Reifen regelmäßig zu wechseln, bevor das Profil verschlissen ist – dies schützt am besten gegen Plattfüße.

Luft aufpumpen und ablassen

Um Schlauchreifen im Top-Zustand zu erhalten, sollte nach jedem Einsatz etwas Luft abgelassen werden – so verformt sich der Reifen nicht, und sein Leben verlängert sich. Die Schläuche bestehen aus Latex und verlieren sowieso in relativ kurzer Zeit Luft. Wie Wulstreifen bieten auch Schlauchreifen die beste Leistung, wenn sie mit dem korrekten Druck befüllt sind. Bei Nässe und rauen Straßen darf mit etwas weniger Druck gefahren werden.

Inspektion und Splitt

Auch ein Schlauchreifen muss regelmäßig auf eingedrungenen Splitt oder Glasscherben untersucht werden, damit sich diese nicht durch den Reifen in den Schlauch arbeiten. Lassen Sie erst den Luftdruck ab, und pulen Sie die Teile mit einem spitzen Gegenstand heraus. Wenn ein Fremdkörper bereits den Schlauch erreicht hat, muss der Reifen ausgetauscht werden.

6

Rahmenvorbereitung

Ein Fahrrad von Grund auf zusammenzusetzen, ist eine äußerst lohnenswerte Aufgabe. Allerdings wird man das nur dann gut hinbekommen – und auch wirklich Geld sparen –, wenn man die richtigen Werkzeuge einsetzt. Ein Großteil des folgenden Kapitels erfordert Spezialwerkzeuge, über die nur eine professionelle Fahrradwerkstatt verfügt. Wer jedoch einen neuen Rahmen kauft, um ein individuelles Rad aufzubauen, sollte diese Schritte beachten, bevor er größere Geldsummen ausgibt. Ein mit einer guten Werkstatt ausgerüsteter Händler wird einem Tretlageraufnahmen, Gabeln und Aheadsets auch vorbereiten können – besonders wenn die Teile dort gekauft wurden. Das ist immer eine Nachfrage wert. Bedenken Sie immer, dass ein gut vorbereiteter Rahmen eine gute Basis sowohl für die Komponenten wie auch den Fahrer ist.

Rahmen

Rahmenausrichtung prüfen

Der erste Schritt zum Bau eines perfekten Fahrrads ist ein richtig ausgerichteter Rahmen. Das Lenk- und das Sattelrohr müssen in einer Linie liegen, damit das Fahrrad ein gutes Fahrverhalten zeigt; zudem müssen die hinteren Ausfallenden so positioniert sein, dass das Hinterrad direkt hinter dem Vorderrad läuft, also »fluchtet«. Stürze können zu unsichtbaren Schäden am Rad führen, sodass die Flucht regelmäßig überprüft werden muss. Mit einigen der folgenden Schritte können Probleme und Schäden identifiziert werden. Um ein gutes Fahrverhalten sicherzustellen und zukünftige Stürze durch schadhafte Komponenten oder einen defekten Rahmen zu vermeiden, ist eine solche Begutachtung essenziell.

Werkzeug:

- **M5-Gewindebohrer samt Halter**
- **Schneidpaste**
- **Reinigungsset samt Lappen, Entfetter und Sprühöl**
- **Rahmen-Richtwerkzeug**
- **Ausfallenden-Richtwerkzeug**
- **Schaltaugen-Ausrichtwerkzeug**
- **Seil**
- **Lineal**
- **Messschieber**

1 Das hier gezeigte Rahmen-Richtwerkzeug von Park Tool erleichtert die Beurteilung eines Rahmens sehr. Das Werkzeug wird am Lenk- und Sattelrohr angeschlossen, und der Zeiger wird so eingestellt, dass er außen am Ausfallende anliegt. Nachdem der Wert festgestellt ist, wird das Werkzeug an der anderen Seite angebracht und kontrolliert, ob der Zeiger verändert werden muss – ist dies der Fall, liegt ein Verzug vor.

2 Für eine einigermaßen sichere Schnellprüfung wird lediglich ein langes Seil benötigt, das um das Steuerrohr geschlagen und außen an den hinteren Ausfallenden mithilfe des Schnellspanners gesichert oder von einem Assistenten dort gehalten wird. Das Seil muss absolut stramm sitzen.

3 Die entscheidende Messung findet an beiden Seiten zwischen dem Sattelrohr und dem Seil statt. Unterschiede von 1 bis 2 mm sind akzeptabel und beeinträchtigen das Fahrverhalten nicht. Liegt der Unterschied nach einem Sturz jedoch bei 4 mm oder mehr, muss der Rahmen von einem qualifizierten Rahmenbauer oder dem Hersteller genauer untersucht werden.

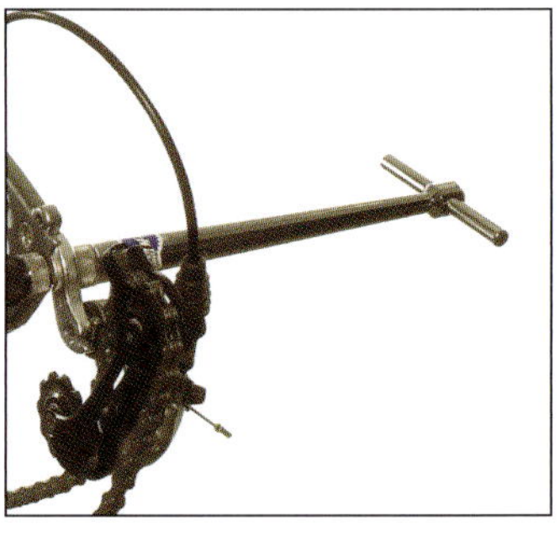

4 Mithilfe des hier gezeigten Ausfallenden-Richtwerkzeugs wird kontrolliert, ob die Heckausleger den richtigen Abstand haben und korrekt ausgerichtet sind. Nachdem die Aufnahme korrekt in den hinteren Ausfallenden installiert sind, wird geprüft, ob sie in der Mitte zueinander zeigen – ist dies nicht der Fall, sind die Ausfallenden verbogen. Das Werkzeug ist lang genug, sodass die Enden mit wenig Kraftaufwand entsprechend hingebogen werden können.

5 Der Abstand zwischen den Ausfallenden muss bei Rennrädern 130 mm betragen, bei Mountainbikes liegt der Wert bei 135 mm, während an BMX-Rädern 110, 115 oder 120 mm gemessen werden können. Ein zu geringer Abstand erschwert den Ausbau des Laufrades, wogegen ein zu großer Abstand die Flucht des eingebauten Rades verschlechtern kann.

6 Weitere wichtige Punkte sind die Ausrichtung der Tretlageraufnahme und des Steuerrohres. Dies ist in den entsprechenden Abschnitten (Seiten 94 bis 96 und 105 bis 106) beschrieben. Wenn man nicht über die richtigen Werkzeuge verfügt, muss eine Werkstatt diese Kontrolle übernehmen.

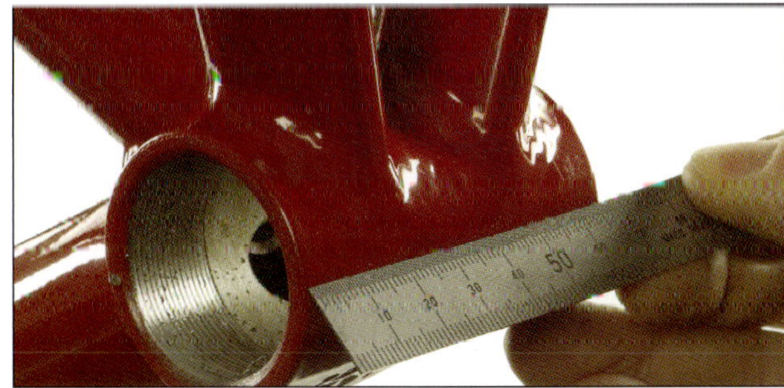

7 Falls ein neues Tretlager eingebaut werden soll, muss die exakte Länge des Lagersitzes ermittelt werden. Bei Rennrädern sollten 68 mm festgestellt werden, während manche Mountainbikes und Treckingräder 73 mm aufweisen. Eine Kurbelgarnitur der falschen Länge würde die Kettenflucht verändern und das Schalten erschweren. Auf den Seiten 94 bis 96 finden sich Details über den Tretlagersitz, und auf Seite 183 ist mehr über die Kettenflucht beschrieben.

8 Flaschenhalter-Bohrungen können sich mit Farbe zusetzen oder Rost ansetzen. Aluminiumrahmen sind oft mit genieteten Gewindestutzen ausgerüstet, die mithilfe von Spezialwerkzeugen ausgetauscht werden können. Bevor ein Flaschenhalter angeschraubt wird, müssen die Gewinde mit einem M5-Gewindeschneider gesäubert werden (Achtung! Nicht zu tief schneiden). Die gleiche Größe wird auch bei Gepäckträgerbefestigungen und Bowdenzugführungen verwendet, sodass sich der Kauf lohnt.

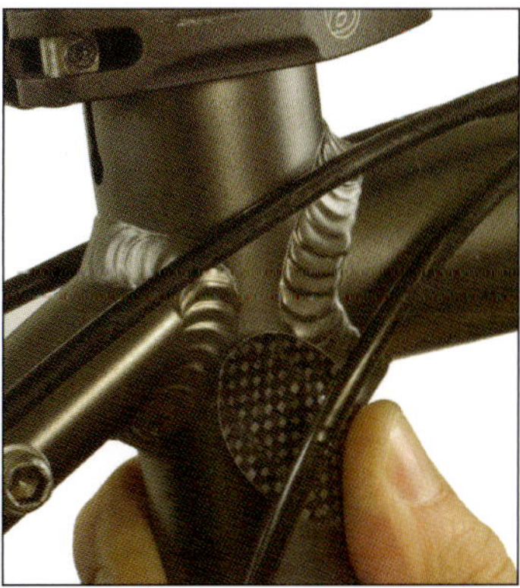

9 Das Schaltauge ist wahrscheinlich das gefährdetste Bauteil eines Rennradrahmens. Viele Rahmen sind mit austauschbaren Schaltaugen ausgestattet, die nach einem schweren Sturz einfach ersetzt werden können. Ist das Fahrrad lediglich umgefallen, kann das Schaltauge zwar nur leicht verbogen sein, das kann aber bereits große Einflüsse auf die Schaltung haben. Das Schaltaugen-Ausrichtwerkzeug erlaubt die Kontrolle und leichtes Nachbiegen des Schaltauges.

10 Nachdem das Werkzeug am Ausfallende befestigt ist, kann der Zeiger an verschiedenen Stellen des Rades positioniert werden. Variiert der Abstand zur Felge, muss das Schaltauge entsprechend eingestellt werden, bis der Abstand überall gleich ist. Weil eine perfekte Schaltung nur durch einen absolut geraden Mechanismus gewährleistet wird, muss die Kontrolle nach jedem heftigeren Stoß durchgeführt werden. Wenn ein Aluminiumausfallende mehrmals gerichtet wurde, besteht erhöhte Bruchgefahr, sodass der Rahmen ersetzt werden muss.

11 Beachten Sie, dass die Stellen des Rahmens, die mit Bowdenzügen oder der Kette in Berührung kommen können, geschützt sein müssen. Andernfalls wird der Rahmen hier mit der Zeit durchscheuern und seine Stabilität verlieren. Neopren-Protektoren sind eine gute Idee, da zumindest die Kette richtiggehend von ihnen abfedert.

Tipps

- Ein früher Hinweis auf einen defekten Rahmen ist Rost. Korrosion zeigt an, dass Bauteile geschwächt sind – also muss sie behandelt und beseitigt werden, sobald sie sichtbar wird. Bei Rahmen geschieht dies am besten durch eine Neulackierung.
- Bei Stahlrahmen sollten die Rohre innen mit Waxoyl behandelt werden, um Rost vorzubeugen. Die auch im Automobilsektor verwendete Sprühversiegelung verhindert wirkungsvoll Oxydation.
- Abblätternder Lack ist ebenfalls ein Hinweis auf Rahmenschäden, gerissene oder gebrochene Rohre. Auch wenn kein Garantieanspruch mehr besteht, sollte der Rahmen vom Hersteller überprüft werden.
- Frontalunfälle können das Steuerrohr sowie das Ober- und das Unterrohr verbiegen. Lassen Sie den Rahmen überprüfen, und stellen Sie sicher, dass die Gabel nicht beschädigt ist.
- Wenn man sich als Fahrgemeinschaft oder Club zusammenschließt, kann jedes Mitglied ein bestimmtes Rahmenwerkzeug kaufen, sodass die Teile bei entsprechenden Kontrollen und Arbeiten einfach untereinander ausgetauscht werden können.
- Titan rostet nicht und ist wirklich robust, also lässt es auch Gewindeschneider und andere Werkzeuge stumpf werden. Beim Kauf eines Titanrahmens muss darauf geachtet werden, dass der Rahmen perfekt vorbereitet ist. Viele Fahrradwerkstätten weigern sich, Titanrahmen zu bearbeiten, da sie Angst um ihre teuren Schneidewerkzeuge haben.

Rahmenvorbereitung – Tretlagersitz

Bei diesem Prozess werden Lack, Rost und Späne aus den Tretlagergewinden entfernt und sichergestellt, dass die Lagergewinde parallel liegen. Durch Plandrehen wird erreicht, dass die Enden des Sitzes rechtwinklig sind und die Tretlager eine wesentlich längere Lebensdauer erhalten, da sie rechtwinklig zum Rahmen und zur Kurbel stehen; zudem arbeiten sie geräuschlos und sind einfacher auszutauschen.

Zunächst wird der Lagersitz sorgfältig entfettet und getrocknet. Dann werden alle Gewinde mit reichlich Montagepaste oder hochwertigem Synthetikfett geschmiert. Das Tretlager wird oft monatelang vernachlässigt, also lässt sich anhand der Einfachheit des Ausbaus bestimmen, wie gut es vor dem Einbau vorbereitet war.

Werkzeug:

- **Tretlagerwerkzeug**
- **Drehmomentschlüssel**
- **Hochwertiger Gewindeschneider**
- **Plandreher**
- **Schneidpaste**
- **Reinigungsmittel (Fettlöser)**
- **Messschieber oder Lineal**
- **8-mm-Inbusschlüssel**
- **Montagepaste oder hochwertiges Synthetikfett**

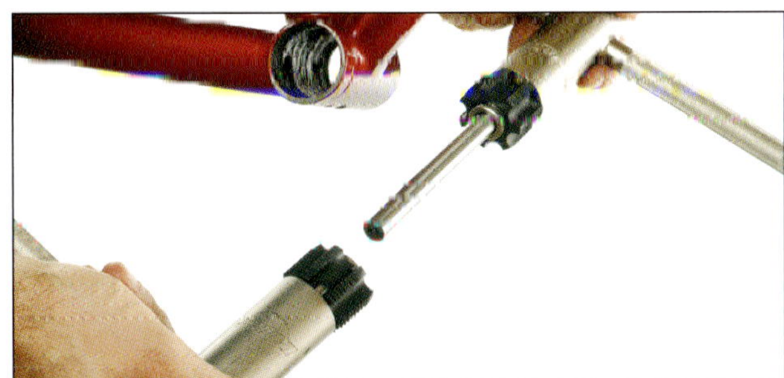

1 Zunächst muss eventuell die Schraube der Bowdenzugführung entfernt werden, da sie möglicherweise in den
Tretlagersitz reicht und von den Gewindeschneidern
beschädigt werden kann. Das Gewindemaß ist auf dem
Werkzeug eingeschlagen – es muss mit dem des Lagersitzes übereinstimmen.

2 Die Gewinde werden mit einem hochwertigen Schneidwerkzeug nachgearbeitet. Achtung: Außer bei manchen italienischen Rahmen befindet sich an der Antriebsseite (rechts)
ein Linksgewinde, während links ein Rechtsgewinde sitzt.
Drücken Sie beide Seiten des Schneidwerkzeugs gegen den
Rand des Tretlagersitzes, um sie senkrecht zu halten.

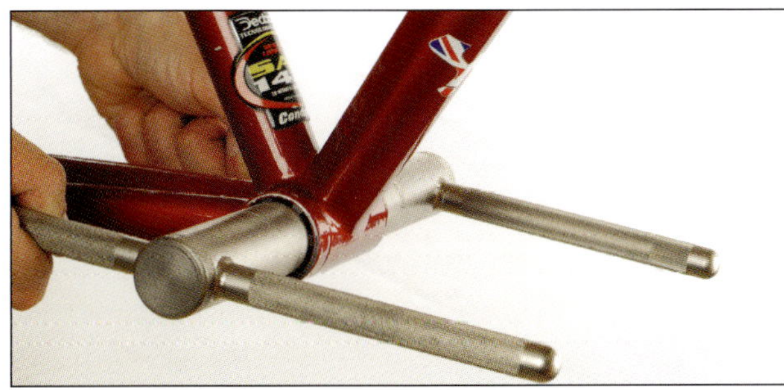

3 Wenn man hinter dem Fahrrad steht, werden die Gewindeschneider korrekt gedreht, während man sie mit beiden
Händen nach unten drückt (Bei italienischen Rahmen mit
beidseitigem Rechtsgewinde darf man es nicht so machen!).
Drehen Sie die Gewindeschneider langsam und gleichmäßig
– sie müssen sich ohne großen Kraftaufwand leicht in die
Gewinde schneiden. Setzen Sie reichlich Schneidpaste ein,
und drehen Sie vor und zurück, bis die Werkzeuge sich
leicht in den Sitz drehen lassen.

4 Nachdem die Gewinde nachgeschnitten sind, kann das
rechte Ende des Lagersitzes geplant werden. Das Park Tool-
Werkzeug ist mit einem Zentrierzapfen ausgerüstet, sodass
es als Gewindeschneider und Plandreher verwendet werden
kann (während der Gewindeschneider als Führung in der
gegenüberliegenden Seite verbleibt).

5 Beim Einsatz des Plandrehers wird reichlich Schneidpaste
benötigt. Die Schneidklingen erfordern einen konstanten
Druck, damit sie nicht »rattern« und den Sitz beschädigen.
Das Werkzeug darf nicht rückwärts gedreht werden.

6 Nachdem der Tretlagersitz an der Seite geplant wurde,
muss er absolut rechtwinklig sein. Wurde die Arbeit korrekt
erledigt, ist das Rohr rundherum glatt und glänzend.

7 Die Tretlagergewinde müssen regelmäßig freigelegt und nachgearbeitet werden. Sich ansammelndes schwarzes Aluminiumoxid kann zu ernsthaften Problemen führen. Am besten lässt es sich mit einer Messingbürste und etwas Fettlöser beseitigen.

8 Falls ein Standardtretlager ohne eine linksseitige Tretlagerschale verwendet wird, kann der Lagersitz links unbearbeitet bleiben. Bei Tretlagern mit durchgehenden Achsen (Campagnolo Ultra Torque und Shimano Hollowtech II) müssen beide Seiten geplant werden, da sie externe Lagerschalen haben, die beide parallel und rechtwinklig eingeschraubt sein müssen.

Profiwerkstatt-Tipps

- Titanrahmen müssen ab Werk perfekt vorbereitet sein! Nur wenige Werkzeuge lassen sich leicht in Titanrahmen schneiden, und ein Stahlschneider wird rasch stumpf sein. Beim Einbau irgendwelcher Schrauben oder Komponenten aus Titan muss an den Kontaktstellen Spezialfett (Ti-Prep) verwendet werden, damit keine Kontaktkorrosion entsteht. Wenn der Tretlagersitz eines Titanrahmens geplant werden muss, sollte eine entsprechend ausgerüstete Fachwerkstatt aufgesucht werden.
- Vorsicht ist bei Carbonrahmen geboten, da das Planen des Tretlagersitzes die Gesamtstabilität des Rahmens beeinträchtigen kann. Die meisten Carbonrahmen sind an den Tretlagersitzen mit Aluminiumhülsen ausgerüstet, doch sollte immer Rat in einer Fachwerkstatt gesucht werden.

Steuersätze und Aheadsets

Das »Aheadset« (Markenname von Dia Compe) ist eine sehr simpel aufgebaute Komponente und daher relativ leicht zu pflegen und zu warten. Das System besteht aus zwei Lagerschalen oben und unten am Steuerrohr. Die Lager werden von der Gabel und dem Vorbau darin gesichert. Der Vorbau klemmt das System zusammen und hindert es am Lockern. Ein gut vorbereitetes Steuerrohr und ein korrekt montiertes Aheadset sorgen für eine lange Lebensdauer. Selbst die billigsten Aheadsets können sehr lange funktionieren, wenn das Fahrrad gut vorbereitet und alles regelmäßig gewartet wird.

Aheadset-Typen

1 oder 1 1/8 Zoll

Gabelschäfte hatten jahrelang einen Durchmesser von einem Zoll (25,4 mm). Vor den Aheadset-Gabeln waren sie in den Steuersatz geschraubt, doch heute sind die mit Gewinde versehenen Typen eher selten (siehe auch Seite 101). Die meisten Rennräder haben heute 1 1/8-Zoll-Aheadsets, sodass diese Größe zu einem Industrie-Standard geworden ist.

Aheadset-Lagerschalen

Die Lagerschalen können aus Stahl, Aluminium oder Titan hergestellt sein. Aluminiumschalen sind weiterhin sehr populär, wogegen Titanschalen zwar sehr stabil, aber auch teuer sind. Ein Hersteller hebt sich von allen Anbietern ab: Chris King. Ich habe von Chris-King-Aheadsets gehört, die länger hielten als der Rahmen, an den sie gebaut waren.

Integrierte oder versteckte Aheadsets

Bei integrierten Aheadsets werden die Lager beim Rahmenbau direkt in den Rahmen gepresst – somit bestimmt der Rahmenbauer auch über die Qualität und Haltbarkeit. Oben und unten am Steuerrohr finden sich Aufwölbungen, die die Lager aufnehmen. Nach meiner Erfahrung sind Standard-Steuerrohre besser, da sie eine einfache Wartung ermöglichen und sich leichter Ersatzteile finden lassen.

Stabilere Front?

Generell gilt, dass kürzere und schlankere Steuerrohre die Lager mehr belasten als lange. Allerdings werden die neuesten »integrierten« Steuerrohre größer ausgeführt, sodass sie normalerweise auch für eine stabilere Front sorgen müssten.

Carbongabeln und Gabelschäfte

Bei Komponenten aus Kohlefaser-Verbundstoffen ist generell Vorsicht geboten. Solche Teile müssen nach jedem Sturz penibel untersucht werden.

Grundlegende Aheadset-Einstellung

1 Zur Kontrolle des Aheadsets wird die Vorderradbremse betätigt und das Fahrrad vor und zurück gewackelt. Wenn das Lager locker ist, wird man ein leichtes Klopfen fühlen oder hören. Wenn man eine Weile mit einem lockeren Lager fährt, stehen die Chancen gut, dass die Lager dadurch zerstört werden und ersetzt werden müssen.

2 Es kann auch möglich sein, dass die Lenkung zu fest und schwergängig ist. Um dies zu kontrollieren, wird das Fahrrad vorne am Rahmen angehoben. Wenn die Lenkung unter ihrem Eigengewicht herumschlägt (aber kein Spiel hat – siehe Schritt 1), ist das Lager korrekt eingestellt. Bewegt sich der Lenker nur widerwillig, ist das Lager zu fest und muss gelockert werden. Das Fahren mit einem zu festen Lager sorgt nicht nur für schlechtes Handling, sondern zerstört ebenfalls die Lager.

3 Lockern Sie die zwei seitlich im Vorbau sitzenden Schrauben – diese klemmen ihn oben an den Gabelschaft und halten gleichzeitig das Aheadset zusammen.

4 Nachdem die Klemmschrauben gelockert sind, wird der obere Verschluss leicht angezogen – hierdurch wird das Lager leicht belastet und spielfrei gemacht. Eine leichte Bewegung (ca. 3 Nm) reicht zumeist aus. Falls der Verschluss und die Gabel sowie das Aheadset entfernt werden sollen, muss man sich darüber im Klaren sein, dass die Gabel nach dem Lösen des Verschlusses nach unten aus dem Rahmen fällt.

5 Die Vorbau-Klemmschrauben müssen mit den korrekten Drehmomenten angezogen werden – besonders bei Carbonteilen ist ein exakt arbeitender Drehmomentschlüssel sehr wichtig.

Wartung

Zur Wartung von Aheadset-Lagern ist der Lenker zu demontieren und die Vorderradbremse auszuhängen, damit die Gabel ausgebaut und beiseite gelegt werden kann. (Der Einbau eines neuen Aheadsets ist auf Seite 104 beschrieben.)

1 Bei den Lagern handelt es sich entweder um abgedichtete Industrielager oder offen laufende Kugeln (wie hier gezeigt). Beide Systeme sind gut, der Vorteil von offenen Kugeln besteht darin, dass sie ausgebaut und neu gefettet werden können; geschlossene Lager können – und müssen – dagegen komplett ersetzt werden. Wenn die Lager immer wieder schnell verschleißen, werden die Lagerschalen im Rahmen nicht parallel liegen und müssen daher ausgetauscht werden. Auf Seite 104 ist beschrieben, wie ein Steuerrohr vorbereitet wird.

2 Nach der Wartung der Lager kann die Gabel wieder eingebaut werden. Alle Dichtungen müssen richtig herum installiert und lose Lagerkugeln geschmiert werden. Nachdem die Gabel eingeschoben ist, muss der Vorbau montiert werden, damit sie nicht versehentlich wieder herausfällt.

3 Zwischen der Oberseite des Gabelschaftes und dem Ahead-Vorbau muss ein Abstand von etwa 2 bis 3 mm bestehen – es darf auch nicht mehr sein, da die Klemmschrauben gegen den Gabelschaft angezogen werden müssen. Würde der Vorbau mit einer Schraube »ins Leere« geklemmt werden, könnte ihn dies zerstören, zumindest säße er nicht fest auf dem Gabelschaft. Das zusätzliche Problem ist, dass auch die Lager durch den lockeren Vorbau beschädigt werden. Auf Seite 104 ist beschrieben, wie ein Aheadset korrekt installiert wird.

4 Bei der Montage des Vorbauverschlusses muss darauf geachtet werden, dass dessen Unterseite nicht auf dem Gabelschaft schleift – falls dies der Fall sein sollte, muss das Steuerrohr mit einem weiterem Distanzstück ausgerüstet werden.

5 Die meisten Vorbauten sind mit zwei Klemmschrauben ausgerüstet, die von beiden Seiten eingesetzt sind, damit sich der Vorbau beim Anziehen nicht zu einer Seite verzieht. Es ist sehr wichtig, dass diese Schrauben weder zu locker noch zu fest angezogen werden. Der vom Hersteller vorgegebene Anzugswert garantiert, dass der Vorbau sich nicht lockert, sich aber bei einem Sturz dennoch verdreht und nicht bricht.

6 Vor der Montage des Lenkers muss sichergestellt sein, dass an der Vorbauklemme keine scharfen Kanten vorhanden sind; zudem muss der Durchmesser des Lenkers zu dem des Vorbaus passen. Ein normaler Rennradvorbau hat 26 mm, doch es gibt auch »Übermaß«-Vorbauten mit 31,8-mm-Aufnahmen. Hochwertige Vorbauten (wie der hier gezeigte) weisen leicht angefaste Ränder auf. Die Vorbauschrauben sollten mit etwas Kupferpaste eingesetzt werden, damit sie sich später wieder leicht lösen lassen.

7 Jetzt wird das vordere Klemmstück aufgesetzt, der Lenker korrekt ausgerichtet und die Schrauben schrittweise und über Kreuz mit einem Drehmoment von etwa 6 bis 7 Nm angezogen. Das Einstellen des Lenkers ist auf den Seiten 151 bis 154 beschrieben.

8 Wenn das Klemmstück korrekt angezogen ist, hat es rundherum den gleichen Abstand zum Vorbau – andernfalls müssen die Schrauben wieder leicht gelockert und entsprechend angezogen werden. Besonders Lenkerklemmen aus Carbon oder sehr leichtem Aluminium können auf Verzug empfindlich reagieren.

9 Richten Sie den Lenker zur Vorderradnabe aus. Überprüfen Sie anschließend erneut das Lenklagerspiel – wenn der Aheadset stramm sitzt und man versucht hat, die Vorbauschrauben neu einzustellen, kann eines der Lenkkopflager oder eine der Dichtungen falsch herum installiert worden sein. Nachdem dies überprüft und ggf. korrigiert worden ist, wird der Vorbau erneut mithilfe eines Drehmomentschlüssels nach den Herstellervorgaben angezogen.

Standard-Steuersätze und -Vorbauten

Standard-Steuersätze sind mit ähnlichen Teilen wie Aheadsets ausgerüstet – beispielsweise den Lenkkopflagerschalen. Auch der Einbau der grundsätzlichen Rahmenbauteile ist gleich. Der größte Unterschied sind die Befestigung an der Gabel sowie die Montage des Vorbaus.

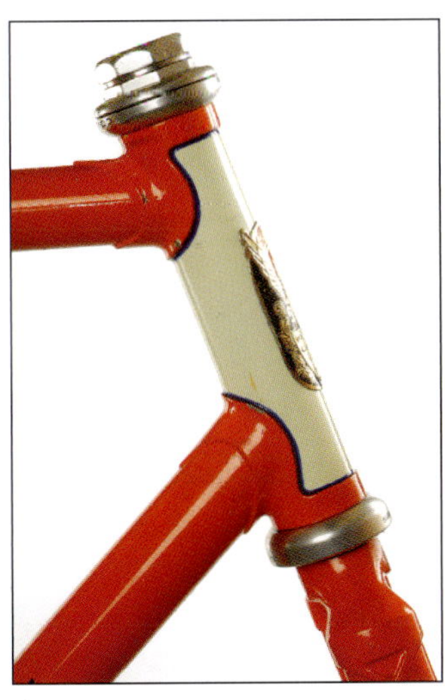

An Rennrädern finden sich weniger Steuersatz-Typen als an Mountainbikes. Straßenräder hatten niemals 1 ⅛-Zoll-Standard-Steuersätze mit Spreiz-Vorbauten, sondern sie haben

gleich zu 1 oder 1 ⅛ Zoll Aheadsets gewechselt und 1 ⅛-Zoll bald darauf als »Industrie-Standard« übernommen. Nur wenige Hersteller sind bei der nicht-integrierten Steuersatzoptik geblieben (darunter Seven, Serotta und Colnago), und es spricht viel für das Standard-System (leichter austauschbar und zuverlässiger), dennoch scheint der aktuelle Trend zu sanft integrierten Steuerrohren und Gabeln übernommen zu werden.

Standard-Vorbauten und -Steuersätze sind heute selten, und während es sich um eine ausgereifte und genauso gut funktionierende Technik handelt, wird für die Einstellung immer ein spezieller Steuersatzschlüssel benötigt. Der Vorbau kann nicht so gut gewartet werden wie ein Aheadset, und der Lenker lässt sich oft nur nach dem Entfernen des Lenkerbandes und der Bremshebel demontieren. Der Vorteil der Spreiz-Vorbauten liegt jedoch darin, dass sie größere Einstellbereiche bieten als Aheadset-Systeme.

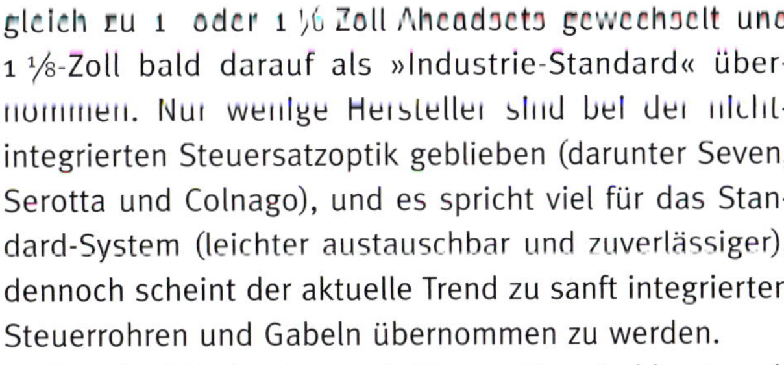

1 Der Spreiz-Vorbau wird meistens mit einem Schrägkonus gesichert, der mithilfe einer von oben eingesetzten Expanderschraube im Gabelschaft verspannt wird. Zum Lösen wird meistens ein 6-mm-Inbusschlüssel benötigt.

2 Auch nach dem Lockern der Schraube bleibt der Vorbau fest im Gabelschaft. Die Schraube darf nicht vollständig gelöst werden, sondern nur etwas aus dem Vorbau herausschauen.

3 Jetzt wird vorsichtig mit einem Kunststoffhammer auf den Schraubenkopf geschlagen – bei Verwendung eines Stahlhammers sollte die Schraube mit einem Holz geschützt werden.

4 Das Spreiz-Vorbausystem kann zwar wesentlich leichter als ein Aheadset in der Höhe verstellt werden, doch darf der Schaft niemals weiter als bis zur Begrenzungslinie herausgezogen werden.

5 Die Expanderschraube ist unten am Vorbau in den Konus gedreht. Wenn man sie ganz herausschraubt, fällt der Konus in den Gabelschaft.

6 Der Standard-1-Zoll-Steuersatz erfordert zum Lösen der Kontermutter zwei 32-mm-Schlüssel. Der untere Schlüssel hält die Gabelmutter, während der obere die Kontermutter lockert, damit sie entfernt werden kann.

7 Die Kontermutter ist auf den Gabelschaft, geschraubt; darunter liegt der sogenannte Nasenring.

8 Die obere, verstellbare Lagerschale sitzt direkt oben auf den Lagerkugeln, die wiederum in der festen Lagerschale laufen. Um das Lager korrekt warten zu können, muss die Gabel ausgebaut werden, damit man auch Zugang zum unteren Lager erhält.

9 Das Gewinde des Gabelschaftes muss präzise geschnitten sein. Dieser Shimano-Steuersatz ist mit einem abgedichteten Lager ausgerüstet, das ersetzt werden kann. Bei Campagnolo-Steuersätzen (und Ahead sets) werden weiterhin in Käfigen geführte Kugeln verwendet, die gereinigt und neu geschmiert werden können.

10 Die Einstellung ist zwar einfach, erfordert allerdings die richtigen Werkzeuge. Nachdem die verstellbare Lagerschale auf den Gabelschaft gedreht wurde und auf dem Lager aufliegt, können der Nasenring und die Kontermutter installiert werden. Der Ausgleich zwischen Spiel und schwergängigen Lagern erfolgt durch das Verdrehen der oberen Lagerschale und anschließendes Kontern.

11 Nachdem die Lager korrekt eingestellt sind, werden der Gabelschaft und der Vorbaukonus gereinigt und frisch gefettet, bevor alles wieder installiert wird.

Montage der Gabel

Um Aheadsets korrekt installieren zu können, muss der Rahmen sorgfältig mit Spezialwerkzeugen vorbereitet werden. Wenn man die Gabel nicht von einer Fachwerkstatt installieren und den Rahmen entsprechend vorbereiten lassen will, müssen die hier angegebenen Schritte genau beachtet werden – das Fahrrad wird sich anschließend wesentlich besser fahren lassen und deutlich länger halten.

Titanrahmen müssen normalerweise nicht geplant werden, da dies der Hersteller erledigt; und auch Carbonrahmen sollten bereits im Werk sorgfältig vorbereitet werden. Wie immer müssen im Zweifel die Herstellerhinweise studiert und ggf. der örtliche Händler befragt werden.

Versatz (Nachlauf)

Rennräder müssen mit einer genau zu ihnen passenden Gabel ausgerüstet werden. Der Einbau einer falschen Gabel kann das Fahrverhalten drastisch verschlechtern. Bei den meisten Gabeln ist der Versatz – also der Abstand zwischen der Mitte des Gabelschaftes und der Mitte der Radachse – irgendwo angegeben. Mithilfe eines Lineals lässt sich der Versatz nur äußerst grob ermitteln.

Es gelten folgende Richtwerte:

- 40 mm sind für Bahnräder und manche Zeitfahrräder geeignet.
- 43 bis 45 mm sind die Standardwerte für Straßenrennräder – der exakte Wert hängt von der Rahmengröße ab.
- 55 mm werden bei Cyclo-Crossern oder Langstreckenrennern verwendet, um mehr Komfort und besseren Geradeauslauf zu erzielen.

Stapelhöhe

Wie bereits erwähnt, gibt es Aheadsets in verschiedenen Größen (1 Zoll, 1 ⅛ Zoll und 1 ½ Zoll), doch außerdem produziert sie jeder Hersteller in unterschiedlichen Höhen.

Die sogenannte Stapelhöhe ist der Abstand der am Gabelschaft sitzenden Lagerschalen zueinander. Wird ein neuer Aheadset montiert, muss sichergestellt werden, dass dieser dem ursprünglichen Teil entspricht oder ähnelt. Wenn der Stapel zu hoch ist, wird der Vorbau nicht den ganzen Gabelschaft zum Klemmen zur Verfügung haben. Die meisten Gabeln sind unbrauchbar, wenn man den Gabelschaft zu kurz abgesägt hat, da er nicht ausgetauscht werden kann – daher ist vor dem Abschneiden penibel nachzumessen.

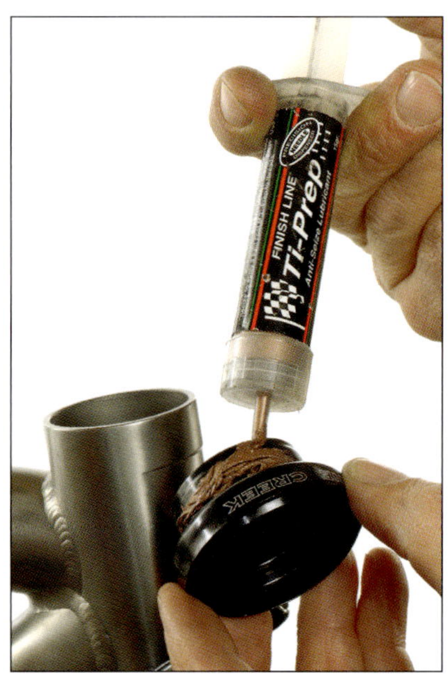

1 Alte Lagerschalen können mit einem speziellen Werkzeug wie diesem ausgebaut werden, das sich innerhalb des Steuerrohrs spreizt und so fest unter der Lagerschale sitzt, dass diese senkrecht ausgetrieben werden kann. Der Einsatz eines rundherum angesetzten Treibdorns sollte unterbleiben, da hierbei die große Gefahr besteht, das Steuerrohr zu beschädigen.

2 Nachdem das Werkzeug sich unter der Lagerschale ausgebreitet hat, wird diese mit festen Kunststoffhammerschlägen ausgetrieben. Das Austreibwerkzeug muss zum Steuerrohrdurchmesser passen, damit es perfekt unter die Lagerschale greift. Um das Wegspringen der Lagerschale zu vermeiden, kann sie mit einem Lappen umwickelt werden.

3 Die Gabellagerschale ist ein sehr heikles Bauteil und kann sogar etwas kleiner sein als ihr Sitz auf der Gabel, sodass ihr Ausbau äußerst schwierig wird. Manche Gabellagerschalen lassen sich entfernen, indem man mit sie mit einem Weichmetall-Treibdorn und einem Kunststoffhammer losklopft, doch besser – und sicherer für die Gabel – geht es immer mit einem Gabellagerschalen-Abzieher.

4 Das hier gezeigte Werkzeug ist ein Kombischneider, der gleichzeitig das Steuerrohr planen und innen ausschneiden kann, damit der Einbau der Aheadset-Lagerschalen sichergestellt ist. Wenn das Steuerrohr oben und unten plan ist, liegen die Lager parallel und verschleißen nicht bereits dadurch, dass sie gegeneinander arbeiten. Der Innen-Ausdreher entfernt Korrosion und Lackreste, um einen perfekt runden Sitz der Lager zu gewährleisten.

5 Nach dem Planen muss das Rohr so perfekt glatt und glänzend wie dieses aussehen. Nachdem sämtliche Späne entfernt und das Rohr außen und innen mit Montagepaste bestrichen wurde, lassen sich die Aheadset-Lagerschalen senkrecht einsetzen – ihre Markierungen weisen auf die korrekte Position hin.

6 Bevor die Lager eingepresst werden, müssen sämtliche Dichtungen entfernt werden, da sie beschädigt werden könnten. Beim Anziehen des Einpresswerkzeugs muss darauf geachtet werden, dass die Schalen sich senkrecht in das Rohr ziehen – sie sind üblicherweise mit einer Fase ausgerüstet, um beim Ansetzen nicht zu verkanten.

7 Um Beschädigungen zu vermeiden, empfiehlt es sich, nur eine Lagerschale zur Zeit einzuziehen. Manche Schalen sind mit Schmierkanälen ausgerüstet, die so ausgerichtet sein müssen, dass man sie gut erreicht, bei anderen müssen nur die Logos ausgerichtet werden. Das Werkzeug presst die Lagerschalen leicht und schnell in das Steuerrohr. Niemals darf versucht werden, die Lager mit einem Hammer einzuschlagen – dies kann die Lager oder sogar den Rahmen zerstören.

8 Jetzt kann die obere Lagerschale eingezogen werden. Das Werkzeug ist für verschieden große Schalen mit mehreren Stempeln ausgerüstet, von denen der passende ausgewählt werden muss, damit das Lager nicht beschädigt wird. Die Lager lassen sich wesentlich einfacher installieren, wenn das Steuerrohr zuvor ausgedreht und geplant wurde. Schließlich müssen auch die Lagerschalen penibel auf perfekten Sitz untersucht werden (halten Sie den Rahmen gegen das Licht, um herauszufinden, ob zwischen dem Steuerrohr und dem Lagersitz Spalten vorhanden sind).

Gabelschäfte schneiden

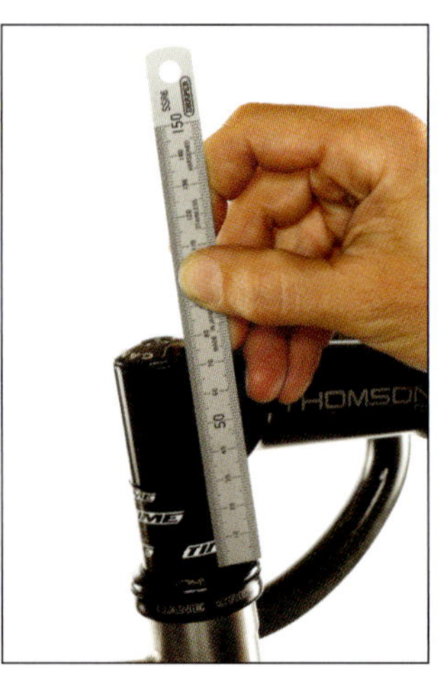

1 Zunächst sollte der Bereich des alten Gabelschaftes vermessen werden, der oben aus dem Lager herausragt – andernfalls müsste die neue Gabel komplett montiert werden, bevor der Gabelschaft gekürzt werden kann. Dies ist besonders wichtig, wenn die Position verändert oder ein anderer Aheadset oder Schaft installiert werden sollen.

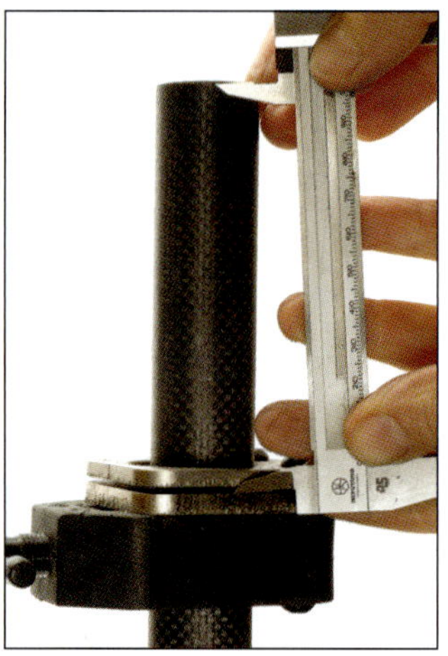

2 Markieren Sie den Gabelschaft mit einem wischfesten Filzstift, da die Gabel vor dem Kürzen in das Steuerrohr installiert werden muss. Alternativ kann ein Messschieber benutzt werden, um den zu kürzenden Bereich zu ermitteln – dabei müssen 2 mm hinzuaddiert werden, um den Abstand zum Verschluss sicherzustellen.

3 Als Nächstes wird die Gabellagerschale installiert. Die meisten Gabeln sind ab Werk mit einem Sitz für die Schale ausgerüstet, doch manche müssen erst vorbereitet werden. Mit einem speziellen Werkzeug wird die von allen Dichtungen befreite Lagerschale auf den Schaft gepresst – das Werkzeug muss die richtige Größe haben, um die Lauffläche nicht zu beschädigen.

4 Jetzt muss das gesamte System einschließlich Lager komplettiert werden, damit geprüft werden kann, ob der Gabelschaft die richtige Länge hat. Auch wenn man den Schaft nicht unbedingt zweimal kürzen möchte, ist man damit auf der sicheren Seite, wenn man noch nicht genau weiß, wie hoch der Lenker sitzen soll.

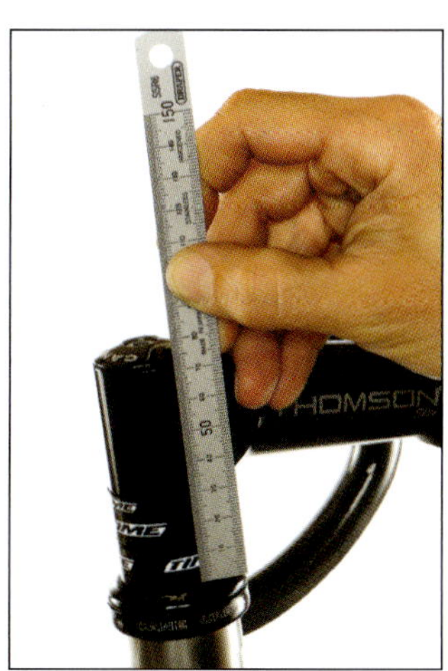

5 Ein langer, mit mehreren Distanzstücken versehener Gabelschaft ist immer besser als ein zu kurzer, auf den der Lenker nur sehr tief angebracht werden kann. Wenn ich ein Fahrrad für jemand anderen vorbereite, lasse ich immer 30 mm Platz unter dem Vorbau, sodass der Fahrer die letzte Entscheidung treffen kann. Der Schaft kann dann nach einer Probefahrt immer noch gekürzt werden.

6 Der zur Gewährleistung eines rechtwinkligen Schnitts in eine entsprechende Vorrichtung geklemmte Gabelschaft muss mit einem neuen, scharfen Sägeblatt gekürzt werden. Durch einen sauberen Schnitt wird auch sichergestellt, dass die Klemmkralle (siehe Schritt 8) leicht installiert werden kann. Wenn man einen Carbongabelschaft sägt, ist es ratsam, eine Gesichtsmaske zu tragen.

7 Der Gabelschaft muss nun innen und außen entgratet werden – innen mit einer Halbrundfeile und außen mit einem Schleifblock. Hierbei darf das Rohr nicht zerkratzt werden. Der Schaft darf im Vorbau keine Spuren hinterlassen. Auch innen muss der Schaft sauber sein, damit die obere Verschlussschraube sich leicht installieren lässt.

8 Bei Gabelschäften aus Stahl oder Aluminium ist die Klemmkralle ein fester Bestandteil des Systems, und sie erlaubt es, den Verschluss fest anzuziehen und jegliches Spiel im System zu eliminieren. Anmerkung: Bei Carbonschäften wird von Klemmkrallen abgeraten, zudem sind sie in Aluminiumschäfte mit dickeren Rohrwandungen nur schwer einzusetzen.

9 Mithilfe eines solchen Klemmkrallen-Einbauwerkzeugs lässt sich die Mutter leicht senkrecht in den Schaft installieren.

10 Einmal eingebaut, sind Klemmkrallen nur schwierig wieder auszubauen, da sie sich selbstständig im Schaft verkeilen. Die einfachste Methode ist das Durchklopfen, bis sie unten aus dem Schaft fallen. Eine Klemmkralle sollte nach dem Ausbau nicht wiederverwendet werden.

11 Alternativ (und auf Dauer auch günstiger) kann ein sich selbst verkeilender Verschluss benutzt werden. Ich bevorzuge diese wiederverwendbaren Teile, da sie einfach mit einem Inbusschlüssel installiert und angezogen werden können.

12 Einmal in den Gabelschaft installiert, sitzen diese Teile sehr fest und können leicht wieder ausgebaut werden – dies ist besonders wichtig, wenn man über kein Klemmkrallen-Einstellwerkzeug verfügt. Außerdem wird der Gabelschaft nicht beschädigt, sodass man sie auch bei Carbonschäften einsetzen kann.

13 Dehnbare Keile wie dieser sind bei Carbonschäften unerlässlich, da Klemmkrallen das Rohr irreparabel beschädigen können.

14 Der Schaft muss etwa 2 bis 3 mm tief im Vorbau sitzen, damit der Verschluss eingestellt werden kann. Nachdem der Vorbau justiert ist, werden die Klemmschrauben mit dem vorgeschriebenen Drehmoment angezogen.

7

Schaltung

Zahnkränze und Abstufungen

Eine Schaltung mit zehn Gängen war früher einmal der Gipfel der Radsport-technik. Index-Systeme und Verbesserungen an Naben und Schaltungen erlaubten später mehr Ritzel und weitere Gesamtabstufungen.

Heutzutage besitzen die meisten Räder Zahnkränze mit neun oder zehn Ritzeln sowie zwei bis drei Kettenblätter, sodass bis zu 30 Gangabstufungen möglich sind. Zahnkränze und Ketten sind so konstruiert, dass sie sanft laufen und die Gänge sich knackig wechseln lassen – dies bedeutet aber auch, dass sie kompliziert aufgebaut und fein abgestimmt sind, daher auch leicht verschleißen und beschädigt werden können.

Die Wahl des richtigen Zahnkranzes hängt sowohl von der Strecke wie auch der Art des Fahrens (Rennen, Training, Langstrecke etc.) ab, und man sollte sich stets darum bemühen, den Verschleiß an seinen Zahnflanken so gering wie möglich zu halten. Aber eine harte Saison geht nicht spurlos an ihnen vorbei.

Zahnkranzabstufungen

11-21

Eine Renn-Abstufung hauptsächlich für flache Strecken, für Zeitfahrten und für Sprintrennen. Dieser Zahnkranz ist nicht geeignet für hügelige Gegenden oder lange Trainingswochenenden in den Alpen. Ein solcher Zahnkranz wird üblicherweise in Verbindung mit Kettenblättern der Größe 53/39 von Spezialisten bei Rennen verwendet.

11-23 oder 12-23

Eine gute Allround-Übersetzung für schnelle Strecken mit leichten Steigungen. Dies ist die Standard-Straßen- und Renn-Abstufung und wird entweder mit Standard- oder Compact-Drive-Kettenblättern kombiniert.

12-25

Eine bessere Abstufung für bergige Strecken. Die meisten Profis benutzen sie während der Tour de France in den Alpen oder Pyrenäen (allerdings mit einem 39er-Innen-Kettenblatt. Normalsterbliche mit weniger schmerzhaften Ambitionen kombinieren gerne Kompakt-Kettenblätter.

13-29

Die Abstufung der Wahl fürs Hochgebirge, aber auch für Challenge-Fahrten, Gran-Fandos, »Centuries« und die Etape du Tour. Funktioniert am besten mit Kompakt-Kettenblättern (ich nehme hier 50/36), und bietet fast so viele Optionen wie Dreifach-Kettenblätter. Anmerkung: Wer

sich für 13-29 entscheidet, wird abhängig vom Aufbau des Fahrrades einen mittleren oder langen Schaltkäfig benötigen (für Details hierzu bitte den Anfang des Abschnitts über die Hinterradschaltung ab Seite 118 lesen).

Mavic

Das Mavic-System unterscheidet sich etwas von den anderen – der M10-Zahnkranz kann in einer Vielzahl von Variationen eingesetzt werden, da jedes Ritzel einzeln montiert ist. Ich mag dieses System aufgrund seiner individuellen Anpassungsfähigkeit und weil es mit Neun- und Zehngang-Distanzscheiben geliefert wird, um auch zusammen mit Campagnolo-Komponenten eingesetzt zu werden (ein Achtgang-Campagnolo-Distanzscheibenset ist optional erhältlich). Für Mavic-Räder ist auch ein Shimano-kompatibles Neungang-Distanzscheibenset erhältlich. Es gibt weitere Zubehör-Zahnkranzträger, die den Einsatz von Campagnolo-Ritzeln auf Shimano-Naben und umgekehrt ermöglichen – Marchisio produziert ein solches System, und Royce stellt Distanzteile her, die den Umbau von neun auf acht Gänge ermöglichen. Es ist also fast alles möglich.

Erhältliche Zahnkranzabstufungen (Shimano und Campagnolo)

- Campagnolos Zehngangkassetten kommen üblicherweise in den folgenden Abstufungen: 11-21; 11-23; 11-25; 12-23; 12-25; 13-26; 13-29
- Campagnolos Neungangkassetten sind heutzutage weniger verbreitet, sie sind normalerweise in den folgenden Abstufungen erhältlich: 12-23; 13-23; 13-26
- Shimanos Neun- und Zehngangkassetten kommen üblicherweise in den folgenden Abstufungen: 11-21; 11-23; 12-21; 12-23; 12-25; 12-27

Hierbei muss immer berücksichtigt werden, dass dies nur eine Orientierungshilfe ist und viele andere individuelle Abstufungen erhältlich sind. Manche Fahrer benutzen an Touring-Bikes Mountainbike-Zahnkränze mit Straßen-Gruppen, sodass bis zu 32 Zähne möglich sind.

Standard-Kettenblattkonfigurationen	
Typ	**Anzahl der Zähne** **Großes / Kleines Blatt**
Compact	48/36, 50/36 oder 50/34
Dreifach	30/42/52
Standard zweifach	52/42 oder 53/39

In Kapitel 10 ist mehr über Kettenblätter und den Compact-Drive zu erfahren.

Freilaufgehäuse

Alle Zahnkranzkonfigurationen benötigen ein an der Hinterradnabe sitzendes Freilaufgehäuse. Dies ist mit einer Nutenverzahnung versehen, um den Ritzeln einen festen Halt zu geben. Die Ritzel müssen dazu entsprechend ausgerichtet werden, damit die Rampen und Ausschnitte sanfte Schaltvorgänge sicherstellen können.

Zahnkranz – Wartung und Ersetzen
Ausbau des Zahnkranzes (Campagnolo und Shimano)

Werkzeug:

- **Kettenpeitsche**
- **Zahnkranz-Arretierring und Sechskantschlüssel**
- **Drehmomentschlüssel**

1 Die Wartung des Zahnkranzes erfolgt am besten bei intaktem Laufrad samt montiertem Reifen – so lässt sich das Rad auf den Boden stellen oder anlehnen.

2 Das Zahnkranz-Konterringwerkzeug wird in die Innenverzahnung des Konterrings gesteckt. Shimano und Campagnolo benutzen das gleiche Prinzip – aber nicht die gleichen Werkzeuge!

3 Das normale Sechskantwerkzeug kann mit einem Schnellspanner in Position gehalten werden, damit es nicht aus dem Konterring herausspringt und so Schäden oder Verletzungen verursacht.

4 Das Kombiwerkzeug ist zudem mit einem Zentrierstift ausgerüstet (und mein persönlicher Favorit!). Dies bedeutet, dass man es mit jedem System benutzen kann. Der Stift hält das Werkzeug in Position und ermöglicht einen festeren Griff.

5 Mithilfe einer Kettenpeitsche und eines Konterring-Ausbauwerkzeugs wird der Zahnkranz entfernt. Die Kettenpeitsche hindert den Zahnkranz am Mitdrehen. Sie muss so gehalten werden, dass die Kette des Werkzeugs weit genug um das Ritzel gelegt werden kann, damit dies beim Druck auf den Schlüssel sicher blockiert wird.

6 Campagnolo-Zehngangzahnkränze erfordern eine Kettenpeitsche mit einer Zehngangkette, um die Ritzel beim Lösen des Konterrings nicht zu beschädigen.

7 Shimano-Systeme können mit einer Standard-Kettenpeitsche blockiert werden. Stellen Sie das Rad wie gezeigt auf. Halten Sie mit links die Kettenpeitsche und mit rechts das Konterring-Werkzeug. Legen Sie die Kettenpeitsche über das zweitgrößte Ritzel. Drücken Sie nun beide Werkzeuge nach unten.

8 Die ersten zwei oder drei Ritzel des Zahnkranzes werden locker sein und dürfen nicht herunterfallen. Legen Sie das Laufrad flach auf die Werkbank, und nehmen Sie die Ritzel nach und nach ab, um sie in der korrekten Reihenfolge zur Seite zu legen.

Shimano Neun- und Zehngangzahnkränze

1 Bevor der Zahnkranz aufgeschoben wird, muss sein Sitz dünn mit Fett oder Montagepaste eingestrichen werden, damit keine Korrosion entsteht; sollte bereits Rost sichtbar sein, muss dieser vorsichtig entfernt werden, z. B. mit einer Messingbürste für Wildleder.

2 Der Konterring wird in das Zahnkranzgehäuse geschraubt und sichert die Ritzel. Weil der Zahnkranz in den Antrieb integriert ist, muss er entsprechend fest sitzen.

3 Bei manchen Zusammenstellungen müssen Distanzringe verwendet werden – besonders wenn es sich nicht um Shimano-Zahnkränze handelt. Weil sie den Abstand zwischen den Ritzeln verändern – und damit die Indexierung des Schaltmechanismus bestimmen –, dürfen sie nicht vergessen werden.

4 Bei besseren Shimano-Zahnkränzen sind die ersten (größeren) Ritzel auf einer »Spinne« oder einem Aluminiumträger montiert, um bei gleicher Festigkeit weniger Gewicht auf die Waage zu bringen.

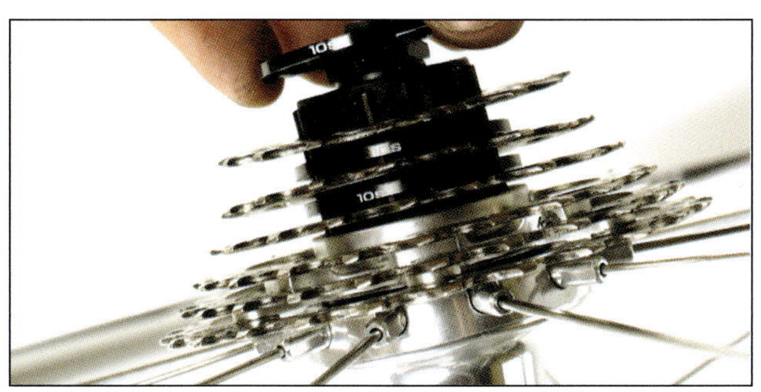

5 Die verbliebenen Zahnkranzritzel sitzen locker und sind mit einem Distanzstück ausgerüstet, um den korrekten Abstand und die Ausrichtung sicherzustellen.

6 Die im letzten Ritzel und an der Innenseite des Konterrings vorhandene Verzahnung sorgt dafür, dass nichts locker vibriert.

Campagnolo Zehngangzahnkränze

1 Wie bei Shimano gibt es auch bei Campagnolo ein spezielles Zahnkranzgehäuse, das die Ausrichtung der Ritzel vorgibt. Auch die Italiener liefern verschiedene Materialien und Qualitäten.

2 Zwischen dem ersten und dem zweiten Ritzelpaket sitzt bei Campagnolo ein breiteres Distanzstück mit einem größeren Außendurchmesser.

3 Auch das zweite Ritzelpaar sitzt auf einem Träger – bei Record-Ausführungen bestehen diese beiden ersten Paare aus Titan.

4 Nachdem die ersten vier Gänge installiert sind, muss ein weiteres Distanzstück in Position gebracht werden, bevor die kleineren, einzelnen Ritzel aufgeschoben werden können.

5 Wie bei Shimano werden zwischen die einzelnen Ritzel Distanzringe gelegt.

6 Die letzten zwei Ritzel benötigen eventuell keine Distanzringe, da sie bereits in der korrekten Breite hergestellt sind. Das kleinste Ritzel ist wieder außen mit einer Verzahnung ausgerüstet, damit sich der Konterring nicht lockert.

Campagnolo Neungangzahnkränze

Die höherwertigen Neungangzahnkränze werden genauso installiert wie diejenigen mit zehn Gängen, die billigeren Zahnkränze können jedoch mit einfachen Plastikdistanzscheiben ausgerüstet sein und lassen sich einfacher einbauen. Beide passen auf die gleichen Campagnolo-Naben.

Alle Systeme

Nachdem der Zahnkranz an seinem Platz sitzt, wird der Konterring mit 35 bis 50 Nm angezogen. Das ist sehr fest, doch der Zahnkranz wird auch beträchtlich belastet, weshalb sein Sitz regelmäßig überprüft werden muss.

Zahnkranz-Tipps

Ein neuer Zahnkranz bedeutet, dass auch eine neue Kette benutzt werden muss – eine verschlissene Kette würde rasch die neuen Ritzel zerstören.

Teure Titan- und Aluminiumzahnkränze sollten für Rennen und Bergfahrten zurückgelegt werden – so halten sie länger und bringen ihre Vorteile, wenn man sie wirklich braucht. Normale Trainingsfahrten sollten mit Ritzeln aus Stahl erfolgen, die regelmäßig getauscht werden können.

Reinigen Sie die Ritzel bei jeder Wartung mit einem hochwertigen Lösungsmittel und bürsten Sie dabei auch die Teile sorgfältig sauber, die im zusammengebauten Zustand nicht erreichbar sind.

Zahnkranz-Tipps

SRAM-Ritzel können auf die meisten Shimano-Naben montiert werden (und umgekehrt), allerdings gilt dies nicht für neue Dura Ace-Zahnkranzgehäuse.

Zahnkranzträger sind mit SRAM-, Miche- und Campagnolo-Zahnkränzen erhältlich – hier werden sie mit Kunststoffclips zur Nut des Zahnkranzgehäuses ausgerichtet.

Sie erlauben es, die Ritzel einfach in ihre Positionen rutschen zu lassen, ohne dass alles einzeln zerlegt werden muss – so kann kein Distanzstück verloren gehen oder gar alles auseinanderfallen.

Schaltwerk (Umwerfer) hinten und Index-Systeme

Diese auch als »Dérailleur« bezeichnete Komponente wird auch schlicht »Umwerfer« genannt. Die meisten Schaltwerke sind mittels eines anschraubbaren Schaltauges am rechten Ausfallende befestigt.

Moderne Hinterradschaltwerke sind mit Index-Systemen ausgerüstet, die Anfang der 1980er-Jahre erstmals erfolgreich von Shimano auf den Markt gebracht wurden. Neun oder zehn Gänge am Hinterrad sind heute Standard. Eine Ratsche im Schalthebel ermöglicht es, dass mühelos ein oder mehrere Gänge weitergeschaltet werden kann. Ein Klick im Hebel zieht oder drückt den Bowdenzug mit einem vorgegebenen Wert, sodass sich das Schaltwerk um den entsprechenden Wert bewegt. Dies ist eine sehr wirkungsvolle Methode, erfordert jedoch, dass der Bowdenzug immer exakt gleich lang bleibt. Tatsächlich längt sich ein Zug jedoch im Betrieb, und diese kleine Änderung sorgt dafür, dass das gesamte System aus dem Gleichgewicht gerät.

Shimano STI (Shimano Total Integration)

Shimano führte die externen Schaltbowdenzüge oben in die Bremshebelhalter, während die Bremszüge unter dem Lenkerband verlegt wurden. Shimano-Hebelhalter sind größer als jene von Campagnolo und SRAM, und zum Wechsel der Gänge wird der gesamte Bremshebel bewegt.

Campagnolo Ergopower

Der offensichtliche Unterschied zu Shimano-Schalthebeln liegt darin, dass beim Ergopower-System sowohl die Brems- wie auch die Schaltbowdenzüge unter dem Lenkerband versteckt liegen. Der Hauptunterschied in der Funktion ist, dass der Bremshebel unab-

hängig vom Schalthebel arbeitet und das Herunterschalten durch einen Daumenknopf innerhalb des Hebelhalters erfolgt.

Campagnolo hat eine eigene Index-Technologie entwickelt, und das Ergopower-System war die erste Schaltung mit zehn Gängen.

SRAM

Wie bei Campagnolo haben auch SRAM-Systeme unabhängig voneinander arbeitende Brems- und Schalthebel – hier »Double Tap« genannt. Das Schalten erfolgt mit nur einem Hebel, der zum Hochschalten gedrückt und zum Herunterschalten angetippt (»to tap«) werden muss.

Unterrohr-Schalthebel

Früher gab es lediglich die am Rahmenunterrohr befestigten Schalthebel. Heute werden solche Systeme nur noch von wenigen Bergfahrern benutzt, die damit ein paar Gramm einsparen wollen, doch die Gewichtsersparnis wird dadurch erkauft, dass man beim Schalten die Hände vom Lenker nehmen muss. Durch den einfachen Aufbau, die kürzeren Bowdenzüge und die geringere Reibung halten die Schalthebel aber auch länger und bieten zudem äußerst präzise Schaltvorgänge.

Bowdenzüge ersetzen

Schaltzüge sind mit 1,2 mm Durchmesser dünner als Bremszüge und haben kleinere Nippel. Shimano-Züge sind mit einem etwas größeren Nippel ausgerüstet als solche von Campagnolo, sodass ein Austausch untereinander unmöglich ist. Einen Spritzer PTFE-(Teflon-)Schmiermittel vor dem Einbau auf den Zug zu geben, ist immer sinnvoll, da er für ein langes reibungsarmes Leben sorgt.

Um den Innenzug durch den Schaltmechanismus zu führen, wird der Schalthebel in die Position für den höchsten Gang gebracht – dies ist bei allen Systemen so, damit der Zug locker ist und der Nippel aus dem Hebel befreit werden kann.

An den meisten älteren Rahmen finden sich solche angelöteten Aufnahmen für Unterrohr-Schalthebel, die bei modernen Schaltungen die Bowdenzug-Widerlager aufnehmen können.

Campagnolo-Widerlager sind mit Rändelschrauben für die Einstellung der Bowdenzuglänge ausgerüstet. Die Schrauben sind mit Federn versehen, die sie in Position halten. Regelmäßiges Reinigen und Ölen sorgt dafür, dass sie sich immer leicht verdrehen lassen.

Shimano-Widerlager sind mit einem Hebel ausgerüstet, mit dem der gerade benutzte Gang feineingestellt werden kann. Da die meisten Rahmen heute ohne die Standard-Aufnahmen ausgeliefert werden, werden auch solche Einsteller immer seltener.

1 Bei Shimano- und SRAM-Hebeln ist die weiße Bowdenzug-aufnahme aus Kunststoff leicht erkennbar. In dieser Position kann der Zug einfach hindurchgedrückt werden.

2 Bei Shimano-Hebeln wird der Zug gerade durch den Hebel und an der anderen Seite aus der Aufnahme heraus-gedrückt.

3 SRAM-Schaltzüge lie-gen innen am unteren Ende des Hebelhalters und verlassen den Hebel an dessen Ober-seite.

4 Bei SRAM-Hebeln kann die Schaltzughülle wie bei Campagnolo einge-klemmt und in den Lenker gesteckt wer-den, bevor das Lenker-band herumgewickelt wird.

5 Neue Campagnolo-Züge sind mit einem angespitzten Ende ausgerüstet, was das Verlegen durch den Hebel erleichtert.

6 Der Zug wird hindurch-gezogen, bis der Nip-pel sich in der Auf-nahme absetzt.

Einbau des hinteren Umwerfers

1 Das hintere Schaltwerk muss am Schaltauge befestigt werden, welches absolut gerade zu sein hat. Das Gewinde muss zudem sauber und rostfrei sein. Wenn das Schaltauge verbogen und/oder der Schaltkäfig verdreht ist, kann die Schaltung nicht korrekt arbeiten. Die Gewinde sollten mit Fett oder Ti-Prep geschmiert werden, damit der Bolzen nicht festgeht.

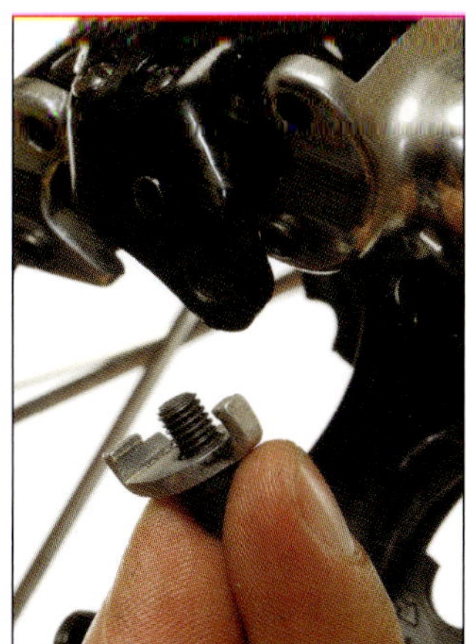

2 Der innere Zug ist mit einer Scheibe an den Umwerfer geklemmt. Um zu erkennen, wie dies funktioniert, muss nach einer Vertiefung am Schaltmechanismus gesucht werden – an der Scheibe wird sichtbar sein, wo der Zug lag.

3 Schrauben Sie den Einsteller vollständig hinein, damit nach dem Einstellen der Bowdenzugspannung genügend Justiermöglichkeit verbleibt. Wenn alle Bowdenzughüllen korrekt eingesetzt sind und der Schalthebel im höchsten Gang positioniert ist, sollte es möglich sein, den Zug von Hand fest genug zu ziehen. Dann wird er mit der Klemmschraube gesichert.

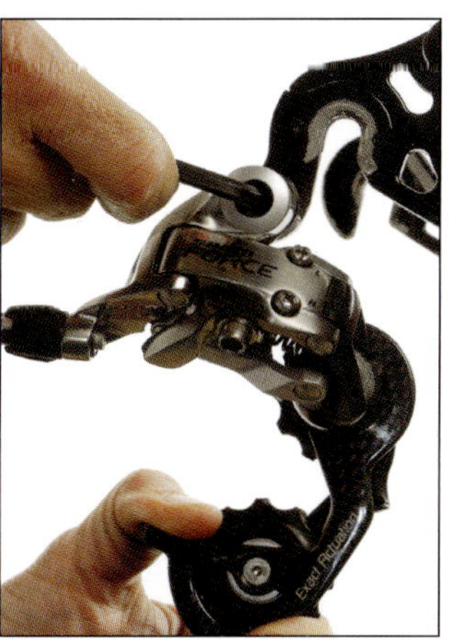

4 Der kleine Unterschied zwischen Campagnolo-, Shimano- und SRAM-Hinterradschaltungen liegt darin, dass sie verschiedene Federbefestigungszapfen verwenden. Dieser Zapfen sitzt am Bolzen und hat den Vorteil, dass sich der Mechanismus beim Schalten bewegt und die Kettenspannung anpasst.

5 Eine Hinterradschaltung funktioniert am besten mit frei drehenden Umwerferrädchen. Wenn die Plastikräder verschlissen sind, müssen sie ersetzt werden – dies verbessert das Schalten und hält die Kette im Kontakt mit dem Ritzel. Um die Rädchen zu ersetzen, müssen deren Lagerbolzen entfernt werden.

6 Nach längeren Fahrten bei Nässe sollten die Umwerferrädchen ausgebaut und gereinigt werden. Das obere Rad – das Führungsrad – kann mit einem abgedichteten Lager ausgerüstet sein. Es lohnt sich, beide Rollen zu zerlegen, zu reinigen, mit PTFE-Schmierstoff zu behandeln und wieder zusammenzubauen.

7 Die Rädchen müssen wieder richtig herum eingebaut werden – ein auf dem Plastik angebrachter Pfeil zeigt dabei in die normale Drehrichtung. Nach dem Zusammenbau des Käfigs ist zu überprüfen, ob die oberen und unteren Befestigungsschrauben fest angezogen sind.

8 Der Parallelogramm-Mechanismus muss mit PTFE-Schmierstoff versehen werden – dies gilt besonders für die Lagerstellen und die Federn.

9 Die mit einem »H« markierte Begrenzungsschraube muss eingestellt werden, wenn die Kette auf dem kleinsten Ritzel (höchster Gang) liegt. Wichtig ist, dass die Kette frei über das kleinste Ritzel läuft, sich aber nicht weiterbewegen kann, wobei sie zwischen Rahmen und Zahnkranz geraten würde. Diese Umwerferstellung erlaubt es, die Kette korrekt anzupassen (siehe Seiten 125 bis 130).

10 Als Nächstes wird die mit einem »L« markierte Begrenzungsschraube eingestellt, wenn die Kette auf dem größten Ritzel (niedrigster Gang) liegt. Wieder muss kontrolliert werden, ob die Kette einerseits leicht auf das große Ritzel gleitet, aber andererseits nicht darüber hinausspringt und in die Speichen gerät. Ebenfalls ist zu prüfen, dass der Umwerfer sich nicht im Laufrad verfängt.

Schaltindex Feineinstellung

1 Die beste Möglichkeit zur Kontrolle der Indexeinstellung ist es, das Fahrrad vom Boden abzuheben – möglichst auf dem Reparaturständer –, die Pedale per Hand zu betätigen und den Schaltzug zu bewegen.

2 Lassen Sie das Rad in jedem Gang laufen, und achten Sie auf Geräusche, die beim Schalten auftreten. Wenn die Kette Probleme damit hat, auf das nächstgrößere Ritzel zu klettern, ist der Zug zu locker. Er muss durch Verdrehen des Einstellers gegen den Uhrzeigersinn etwas gespannt werden. Jetzt wird langsam vom größten auf das kleinste Ritzel geschaltet und dabei geprüft, ob eine Verzögerung auftritt oder die Kette auf einem Ritzel verbleibt – ist dies der Fall, wird der Zug zu stramm sein und muss mithilfe des Einstellers wieder etwas gelockert werden.

Nachdem die Gänge korrekt eingestellt sind, müssen die Züge gedehnt werden. Hierzu wird der höchste Gang eingelegt und der zum Hinterrad führende Schaltzug identifiziert. Ziehen Sie die Bowdenzugklemme an. Greifen Sie den offen laufenden Zug in der Mitte des Unterrohrs und ziehen Sie ihn einige Male vorsichtig, aber fest vom Rahmen weg – hierdurch setzen sich die Hüllen in den Widerlagern. Jetzt muss die Feineinstellung (siehe Schritte 1 und 2) wiederholt werden.

Funktioniert die Schaltung weiterhin nicht gut, können folgende Gründe vorliegen:

- Das Schaltauge ist verbogen (siehe Seite 94).
- Die Kette ist zu lang oder zu kurz
- Der Schaltzug ist alt oder irgendwo geknickt oder verklemmt.
- Die Kette und die Ritzel sind verschlissen.
- Der Schaltzug ist im Umwerfer falsch eingeklemmt.

Ketten – Montage und Pflege

Rennradketten sind Verschleißartikel. Sie sind unglaublich leistungsfähig, müssen aber auch extreme Belastungen aufnehmen, zudem sorgen das ständige Verdrehen und das Springen über die verschiedenen Ritzel dafür, dass eine durchschnittliche Rennradkette innerhalb weniger Monate verschleißt. Spezielle für Zehngangzahnkränze ausgelegte Ketten müssen sorgfältig gereinigt und geschmiert werden (das Reinigen der Kette ist auf Seite 42 beschrieben).

Ketten gibt es in unterschiedlichen Qualitäten. Plattierte Ketten sind die besten, da sie weniger rostanfällig sind und daher länger halten und sich besser schalten lassen als Stahlketten ohne Beschichtung. Auch aus Edelstahl oder gar Titan werden Ketten hergestellt – sie mögen wesentlich länger halten als Stahlketten, doch weil sie härter sind, können sie Aluminiumritzel auch schneller verschleißen lassen, wenn nicht regelmäßig eine Reinigung und eine Nachschmierung erfolgen.

Der Austausch einer alten und verschlissenen Kette macht normalerweise auch das Ersetzen des Zahnkranzes nötig – da sich die Kette gelängt hat, wurden die Ritzelzähne einseitig entsprechend abgetragen und damit der gesamte Antrieb zu Schrott verarbeitet. Dies kann sehr kostspielig sein, sodass es sich empfiehlt, preiswerte Ketten zu benutzen und sie häufig zu ersetzen, statt eine teure Kette zu kaufen und so lange zu nutzen, bis sie (durch die eintretende Längung) auch den Zahnkranz und die Kettenblätter in Mitleidenschaft gezogen hat.

Die Kette besteht aus Außen- und Innenlaschen sowie den dazwischen laufenden Rollen, die für einen ruhigen Lauf sorgen.

Shimano Neun- und Zehngangketten

1 Messen Sie die Länge von 24 Kettengliedern. Es müssen zwölf Zoll (281 mm) festgestellt werden – sind es mehr, so ist die Kette verschlissen und muss ersetzt werden. Eine zu stark gelängte Kette lässt rasch andere Teile des Antriebs verschleißen und erschwert zunehmend das Schalten.

2 Es gibt mehrere Messvorrichtungen für Ketten; das hier gezeigte Park Tool-Werkzeug ist sehr bewährt. Die beiden Stifte werden einfach in die Kettenglieder gesteckt, dann wird an der Skala gedreht, um herauszufinden, wie stark sich die Kette gestreckt hat. Wenn der rote Bereich angezeigt wird, ist die Kette über die Verschleißgrenze hinaus gelängt.

3 Um die Kette und die Ritzel auf Verschleiß zu überprüfen, wird die Kette auf das größte Kettenblatt und das kleinste Zahnkranzritzel gelegt. Wenn man die Kette so weit vom Kettenblatt ziehen kann, dass die Spitzen der Zähne sichtbar werden, oder sich die Kette oben und unten am Kettenblatt stark bewegen lässt, muss sie ersetzt werden.

Neun- und Zehngangketten – Einbau

1 Der dunkle, abgeflachte Stift markiert die Stelle, an der die Kette erstmals verbunden wurde. Wenn die Kette zum Reinigen ausgebaut werden soll, muss dieser Stift gefunden werden, um die Kette exakt gegenüber zu öffnen – der einmal eingesetzte Nietbolzen darf nie wieder entfernt werden.

2 Wenn die Kette ersetzt werden soll, muss die Länge der alten und der neuen Kette verglichen werden. Je nach Kettentyp muss eine bestimmte Anzahl von Gliedern entfernt werden. Das »offene« Ende der Kette mit den Außenlaschen (rechts) wird so belassen und die Glieder am anderen Ende entfernt, sodass zum Verbinden wieder ein geschlossenes Ende bleibt.

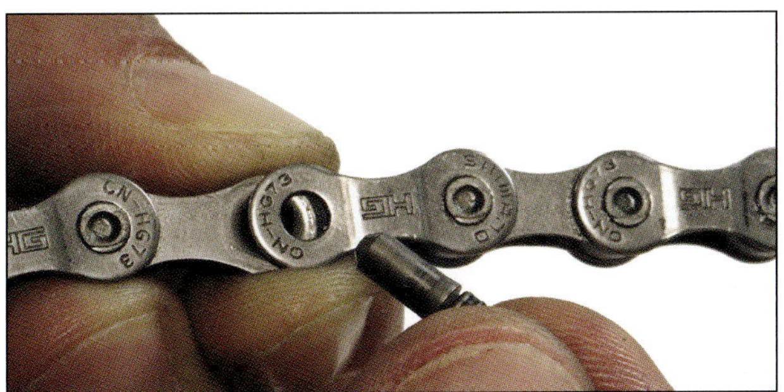

3 Ziehen Sie die Kette durch die Umwerferrollen und über das Kettenrad. Legen Sie sie noch nicht über das Kettenblatt, da sich eine durchhängende Kette leichter vernieten lässt. Die Shimano-Kette wird mit diesem speziellen schwarzen Nietbolzen verbunden, der von derselben Seite eingepresst werden muss, von der auch der alte herausgedrückt wurde. Schmieren Sie den Stift, um den Einbau zu erleichtern.

4 Pressen Sie den Nietbolzen mit einem hochwertigen und für Shimano-Ketten geeigneten Werkzeug ein. Dieses Park Tool-Gerät hat speziell geformte Klauen, die verhindern, dass die Außenlaschen zusammengequetscht werden. Halten Sie die Kette stramm, und drehen Sie die Spindel langsam, um sicherzustellen, dass der Bolzen absolut gerade eingepresst wird.

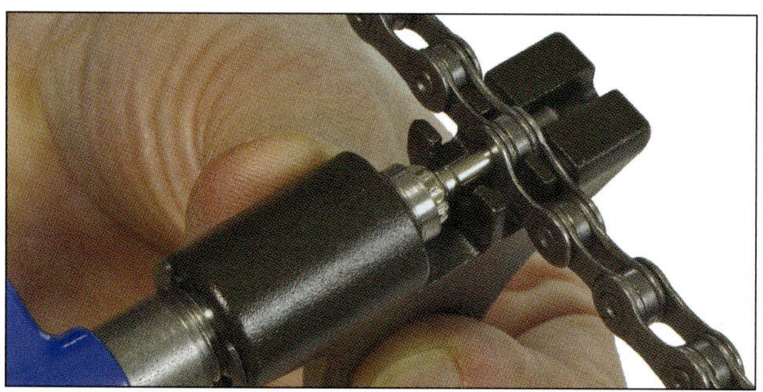

5 Der Park Tool-Kettennieter ist mit einem Anschlag in Form eines Sprengrings auf dem Gewinde ausgerüstet, sodass er stoppt, sobald der Nietbolzen an seinem Platz ist. Wenn der Bolzen durch die hintere Außenlasche gelangt, ist ein deutliches Klicken zu hören. Danach die Spindel zurückdrehen und prüfen, ob der Bolzen korrekt sitzt.

6 Obwohl Shimano-Zehngangketten nach dem gleichen Prinzip wie die Neungangketten aufgebaut sind, sind sie erkennbar schmaler und erfordern einen speziellen Zehngang-Nietbolzen.

7 Für Zehngangketten muss ein original HG-Werkzeug benutzt und der Nietbolzen immer von der Außenseite her eingepresst werden. Prüfen Sie, ob der Bolzen gleichmäßig an beiden Seiten herausragt.

8 Wenn der Neun- oder Zehngangnietbolzen von Shimano eingepresst ist und der dickere Bereich gleichmäßig auf beiden Seiten der Außenlaschen herausragt, wird die Führung mithilfe einer Zange abgebrochen – natürlich muss dies geschehen, bevor geprüft werden kann, ob der Antrieb funktioniert.

9 Nachdem der Nietbolzen eingesetzt ist, kann das Gelenk noch etwas steif sein, sodass die Kette beim Rückwärtstreten überspringt. Schmieren Sie den Stift und knicken Sie das Gelenk in eine V-Form.

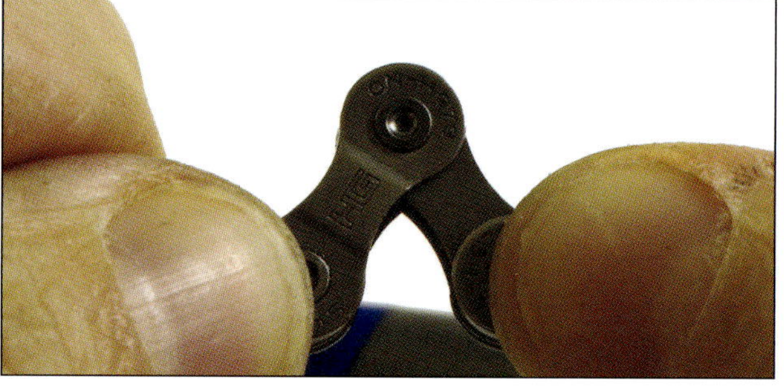

10 Legen Sie jetzt ihre Daumen auf die Laschen zu beiden Seiten des Gelenks, greifen Sie die Kette, und drücken Sie diese äußerst behutsam gegeneinander. Dieses vorsichtige »Verdrehen« sollte jegliche Klemmneigung unverzüglich beseitigen.

SRAM-Ketten

Die unter der Marke SRAM verkauften Ketten wurden früher unter den Namen Sachs/Sedis vertrieben – zwei große Kettenhersteller aus Deutschland und Frankreich, deren Erfahrung nach der Übernahme durch die US-Firma zu den vielleicht besten Ketten führte, was die Haltbarkeit und das Schaltverhalten betrifft. SRAM hat nun daraus die am einfachsten installierbare Zehngangkette entwickelt, die in den Gruppen Force und Rival Road eingesetzt wird.

Alle Neun- und Zehngangketten von SRAM sind mit Schnellverschluss-Kettengliedern ausgerüstet, die hier »Power Link« genannt werden. Eine solche Kette kann ohne Werkzeug leicht von Hand geschlossen werden, sodass sie auch als Ersatzkette ins Bordwerkzeug gehört.

Um die Kette zu öffnen, muss die Kette einfach nur entspannt werden (ich nehme sie zuerst von den Kettenblättern), dann werden gleichzeitig die Glieder gegeneinandergedrückt und verkantet. Zu Anfang braucht das etwas Übung, doch bald lässt sie sich auch für jede Reinigung einfach aus dem Rahmen nehmen. Zehngang-Power Links können nicht wiederverwendet werden, und generell müssen Power Links nach jedem Trennen ersetzt werden.

Montage von SRAM Zehngangketten

1 Um die korrekte Kettenlänge zu erhalten, muss die Kette gemessen werden, während sie neben dem Hinterradumwerfer stramm über den beiden größten Zahnrädern liegt (der hintere Schaltmechanismus sollte dazu demontiert sein).

2 Nun werden zu dieser Länge zwei Kettenglieder hinzugefügt (Power Links erfordern die beidseitige Demontage der Außenlaschen, sodass sie die Kette zwischen zwei Rollen verbinden).

3 Jetzt wird der hintere Schaltmechanismus montiert und die Kette durch die Rollen des Umwerfers sowie über den Zahnkranz und durch den vorderen Umwerfer geführt. Verbinden Sie die beiden Enden mit dem Power Link und stecken Sie die Stifte in ihre Positionen – sie werden in der Mitte sitzen und noch nicht in der Schließposition.

4 Jetzt wird die Kette bei blockiertem Hinterrad mithilfe der Kurbel gespannt, und das Kettenschloss rastet ein – alles ohne Werkzeug und klemmende Gelenke.

5 Nachdem das Power Link eingesetzt ist, muss die Kette das nächste Mal an der gegenüberliegenden Seite geöffnet und mit einem neuen Power Link wieder verschlossen werden. SRAM-Ketten werden mit Ersatzschlössern ausgeliefert.

Campagnolo-Ketten

Campagnolo hat 1999 den ersten Zehngang-Zahnkranz samt entsprechender Kette entwickelt. Die Kette wurde in den letzten Jahren einige Male überarbeitet, und das Ergebnis ist die Campagnolo Record Ultra Narrow-Kette.

Diese erfordert einen äußerst sorgfältigen Einbau, da die Nietbolzen und Laschen sehr empfindlich auf eine unkorrekte Montage reagieren. Wenn man die richtigen Werkzeuge hat und den Montageempfehlungen folgt, ist der Einbau relativ einfach.

1 Die Campagnolo-Zehngangkette ist auf der Außenlasche mit einer Seriennummer markiert. Diese ist sehr wichtig, da sie diejenige Lasche markiert, die nicht geöffnet werden darf. Die Außenlaschen sind speziell geformt, um den versenkten Stift aufnehmen zu können, der die beiden Enden der Kette verbindet.

2 Ein Campagnolo-Zehngangketten-Nietbolzen ist mit einem entfernbaren Führungsstift und einem Hohlniet ausgerüstet – dieser Führungsstift wird einfach in den Niet gesteckt und muss entfernt werden, sobald die Kette verbunden ist.

3 Der HD-Stift wird immer an der Innenseite des Antriebs platziert, sodass er nach außen gepresst werden muss (der Grund dafür ist in Schritt 1 erklärt).

4 Gemessen wird bei auf den jeweils kleinsten Ritzeln liegender Kette. Wenn die Enden der Kette zusammengezogen werden, muss der Abstand zwischen dem unteren Kettentrum und der um die obere Umwerferrolle laufenden Kette etwa 15 mm betragen.

5 Der Schaltmechanismus muss gerade so den Durchhang der Kette aufnehmen, und die Kette darf nicht die Schaltkäfigführungen (bei diesem Käfig die hintere Lasche) berühren.

6 Heben Sie die Kette auf das große Kettenblatt und verbinden Sie sie mit dem Nietbolzen. Verbinden Sie die Kette von der Innenseite des unteren Trums her – prüfen Sie zuvor, dass die markierte Außenlasche außen liegt.

7 Das Campagnolo-Nietwerkzeug hat einen Arretierstift, der zwischen die Innen- und Außenlaschen gedrückt wird, um sicherzustellen, dass die Kette stramm gehalten und die Glieder perfekt ausgerichtet sind.

8 Es mag etwas kompliziert klingen, doch es werden spezielle »HD-Link«-Kettenglieder benötigt, wenn die Kette erneut geöffnet wurde und wieder verschlossen werden soll. Entfernen Sie an der gegenüberliegenden Seite des ersten Kettenschlosses eine entsprechende Anzahl Kettenglieder, und setzen Sie die Kettenglieder mit zwei HD-Nietbolzen ein.

Ketten-Tipps

- Um den Verschleiß an den Ritzeln und der Schaltung zu minimieren, sollte die Kette alle 2000 bis 3000 Kilometer erneuert werden.
- Kettenblätter aus Stahl sollten gegen solche aus Aluminium ausgetauscht werden, die wiederum spätestens nach zwei Jahren ersetzt werden müssen. Sowohl die Kettenblätter wie auch der Umwerfer müssen Zehngangkompatibel sein – also mit schmalen Ketten zurechtkommen.
- Mithilfe eines Ketten-Reinigungsbades wird die Kette einmal wöchentlich gesäubert (Details auf Seite 42).
- Eine neue Kette muss vor dem Einbau entfettet und sorgfältig gereinigt werden. Die Kette ist mit einem Korrosionsschutz versehen, doch dieses Fett zieht Schmutz an. Nachdem die Kette gereinigt ist, muss sie mit einem hochwertigen Schmiermittel gefettet werden, das sie länger sauber hält.
- Wenn im Antrieb irgendetwas verschlissen ist, beginnt die Kette zu springen. Wenn eine neue Kette installiert ist, wird sie vielleicht auf einigen Ritzeln des Zahnkranzes überspringen. Falls dies nicht auf ein klemmendes Kettenschloss zurückzuführen ist (siehe Seite 126), muss der Zahnkranz ebenfalls ausgetauscht werden.
- Wer mit verschiedenen Kettenlängen experimentieren möchte, sollte dies mit einer alten Kette tun. Nachdem diese in allen Gängen gefahren wurde, kann man sich auf eine Länge festlegen. Nun kürzt man die neue Kette entsprechend.

Schaltwerk (Umwerfer) vorne

Es gibt zwei Möglichkeiten, den vorderen Umwerfer zu montieren: Entweder ist eine Halterung an den Rahmen angelötet, oder der Umwerfer wird mit einer Schelle befestigt. Heutzutage werden gelötete Aufnahmen bevorzugt, doch Nachrüstschellen sind ebenfalls erhältlich.

Shimano hat wie beim hinteren Schaltmechanismus auch den vorderen Umwerfer zu einem Indexsystem perfektioniert, sodass ein Klick am Hebel die Kette von einem Kettenblatt zum anderen gleiten lässt – zumindest in der Theorie. Das Einstellen und der richtige Einsatz des vorderen Umwerfers erfordern etwas Zeit und Übung. Es ist ein sehr komplexer Mechanismus, sodass es etwas Übung erfordert, bis man ihn perfekt beherrscht. Die Höhe, der Winkel und die Verstellweite sind einflussreiche Faktoren.

Das Kettenleitstück ist so geformt, dass es bei richtiger Einstellung nicht an der Kette schleift, diese jedoch zum nächsten Kettenblatt führt. Für viele Mechaniker ist der vordere Umwerfer die größte Herausforderung.

Werkzeug:

- **Kleiner Kreuzschlitz-Schraubendreher**
- **5-mm-Inbusschlüssel**

Einbau und Einstellung des vorderen Umwerfers

1 Der Mechanismus muss exakt parallel zum großen Kettenblatt ausgerichtet werden. Lässt sich der Umwerfer nicht in diese Position bringen, liegen vermutlich Probleme mit der Kettenlinie vor, und Sie benötigen eventuell ein anderes Tretlager.

2 Bei nicht paralleler Stellung kann die Schaltung nicht korrekt arbeiten; also muss sichergestellt sein, dass das Leitblech sorgfältig eingestellt ist. Steht der Umwerfer zu weit nach außen, kann er in den Pedalkreis ragen. Eine gute Kettenlinie ist unerlässlich – also unbedingt sicherstellen, dass die auf dem kleinen Kettenblatt liegende Kette auf alle Ritzel des Zahnkranzes geschaltet werden kann.

3 Der Abstand zwischen dem Außenrand des Leitstücks und den Kettenblattzähnen sollte 2 bis 3 mm nicht übersteigen. So ist der Umwerfer korrekt positioniert, um die unterschiedlichen Kettenblattgrößen bewältigen zu können.

4 Dieser Aufbau ist auf kleinere Kettenblätter (Compact Drive) ausgelegt, und obwohl er wahrscheinlich funktioniert, ist der Abstand des Leitstücks unten wesentlich größer als oben, sodass Schaltvorgänge nur etwas ungenau erfolgen. Falls Compact Drive-Kettenblätter verwendet werden sollen, empfiehlt es sich, auch einen dafür ausgelegten Umwerfer einzusetzen.

5 Dieser SRAM-Vorderumwerfer ist perfekt positioniert, um knackige Gangwechsel sicherzustellen. Das Leitstück darf keinen der Zähne berühren, und 3 mm Abstand sollten reichen, um die Kette aufzunehmen und sie vom Kettenblatt gleiten zu lassen.

6 Als Nächstes wird der Schaltzug angeschlossen. Der Schalthebel muss in der untersten Position ruhen und der vordere Umwerfer über dem kleinen Kettenblatt liegen, damit der Schaltzug locker ist. Jetzt wird der Zug fest durch die Klemme gezogen und diese angezogen. Prüfen Sie, ob der Zug in der richtigen Position sitzt, da dies die Schaltung beeinträchtigen kann. Anschließend wird die untere Anschlagschraube eingestellt.

7 Zuerst muss die mit »L« markierte Begrenzungsschraube eingestellt werden. Die Kette muss dabei hinten auf dem größten Ritzel und vorne auf dem kleinsten Kettenblatt liegen, da dies ihre dem Rahmen nächste Position ist. Jetzt wird das Leitstück so eingestellt, dass es gerade noch nicht an der Kette schleift.

8 Jetzt wird die mit »H« markierte Begrenzungsschraube eingestellt. Schalten Sie vorne auf das große Kettenblatt (hier kann die Kette zunächst darüber hinaus gleiten) und wechseln Sie hinten die Gänge solange, bis das kleinste Ritzel erreicht ist. Sie werden dabei bemerken, dass die Kette beträchtlich ihren Winkel ändert, das große Kettenblatt sich aber mit den meisten Gängen des Hinterrades fahren lässt. Stellen Sie die Begrenzungsschraube so ein, dass die Kette im letzten Gang noch etwas Abstand zur linken Seite des Leitstücks hat.

Campagnolo-Begrenzungsschrauben

1. Die obere Schraube stellt den Verstellbereich zum inneren Kettenblatt ein.
2. Die untere Schraube stellt den Verstellbereich zum äußeren Kettenblatt ein.

Gründe für einen schleifenden Vorderumwerfer

Wenn der vordere Umwerfer an der Kette schleift, kann dies an einem der folgenden Probleme liegen:

- Der Schaltzug ist zu fest oder zu locker.
- Die Anschlag/Begrenzungsschrauben sind falsch eingestellt.
- Der Winkel des Umwerfers passt nicht zum Kettenblatt.
- Die Kettenlinie ist nicht korrekt (was eine nähere Betrachtung des Tretlagers erforderlich macht).

Gründe für Schaltprobleme vorne

Wenn Probleme mit dem Umwerfen der Kette auftreten, kann dies an einem der folgenden Probleme liegen:

- Die untere Einstellschraube ist nicht korrekt justiert, sodass der Umwerfer mithilfe der Begrenzungsschraube weiter nach außen bewegt werden muss.
- Die Kette springt oben über das große Kettenblatt, sodass der Umwerfer mithilfe der Begrenzungsschraube weiter nach innen bewegt werden muss.
- Der Abstand zwischen dem Leitstück und dem Kettenblatt ist zu groß, oder der Winkel ist falsch eingestellt.

8

Einstellung der Bremsen

Rennradbremsen haben sich im vergangenen Jahrzehnt enorm verbessert. Seitenzugbremsen mit versetzten Dreh- und Befestigungspunkten (Dual Pivot) erlauben gegenüber einer herkömmlichen Seitenzugbremse eine bessere Verzögerung bei moderatem Krafteinsatz am Bremshebel.

Bremsen benötigen gute Bremsflächen und perfekt zentrierte Laufräder, um gut zu funktionieren. Verzogene Räder und beschädigte alte Felgen sind nicht nur unsicher, sondern machen auch schlichtweg keinen Spaß. Bremsvorgänge sollten einfach und ohne Mühe vor sich gehen, und wenn man mehr Aufwand ins Bremsen als ins Fahren stecken muss, sollte man seinen Bremsen etwas Aufmerksamkeit widmen und darauf achten, dass auch die Laufräder in einem guten Zustand sind.

Bremsen und Bowdenzüge

Solange Rennräder noch nicht mit Scheibenbremsen ausgerüstet werden, werden die Felgenbremsen mit den guten alten Bowdenzügen betätigt werden, weil dies nicht nur die einfachste, sondern auch die leichteste Lösung ist. Meiner Meinung nach bietet Campagnolos Record-Bremse die beste Leistung – besonders seit die Italiener am Hinterrad eine leichtere und weniger bissige konventionelle Seitenzugbremse einsetzen (die größte Bremsleistung wird auf das Vorderrad ausgeübt, sodass eine »schwächere« Hinterradbremse eine bessere Dosierung erlaubt und weniger zum Blockieren neigt).

Allgemeine Bremseneinstellung

Bremsen-Schnellspanner

Alle Rennräder sind mit einer Einrichtung ausgerüstet, die das schnelle Öffnen und Schließen der Bremse ermöglicht, um das Rad schnell aus- und einbauen zu können – die Bremsbeläge werden dabei so weit auseinander gehalten, dass der Reifen hindurchpasst (siehe Ausbau der Räder auf Seite 29).

Bei Campagnolo sitzt der Schnellspanner am Bremshebel.

Bei Shimano sitzt ein kleiner Hebel nahe am Befestigungsbolzen der Bremse.

1 Bei Campagnolo-Bremsen muss der kleine Aluminiumknopf innen am Hebel gedrückt werden, bevor das Rad ausgebaut werden kann.

2 Einmal ausgelöst lässt der Knopf den Hebel weiter abstehen und öffnet so die Bremse weit genug. Nach dem Einbau des Rades muss der Knopf wieder in seine Ausgangslage gebracht werden.

3 Bei Shimano-Bremsen sitzt der Schnellspanner direkt an der Bremse – hier ist er in der geöffneten Position zu sehen.

4 So steht der Schnellspanner in der geschlossenen Position.

Befestigen der Bremse am Fahrrad

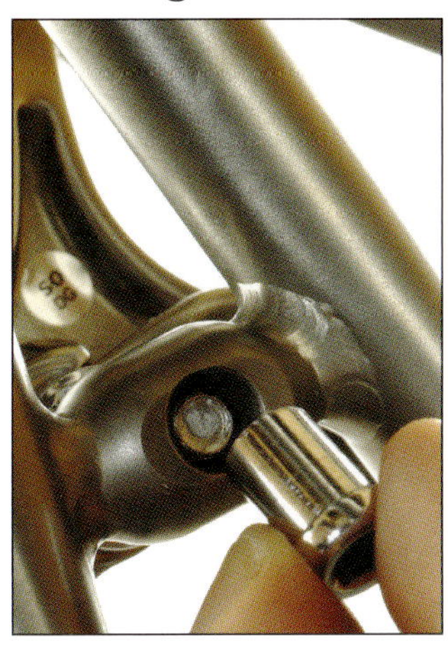

1 Hinterradbremsen sind mit einer kürzeren Befestigungsschraube versehen als Vorderradbremsen. Die Bremsenbrücke hat eine Bohrung, um die hier gezeigte Senkschraube aufzunehmen.

2 Zwischen die Bremse und den Rahmen muss eine Klemmscheibe gesetzt werden, damit sich die Bremse im Betrieb nicht lockern kann.

3 Bremsen sind meistens mit Inbusschrauben am Rahmen oder an der Gabel befestigt. Für verschiedene Gabelköpfe und Bremsenbrücken gibt es entsprechende Längen und Muttern. Zur Sicherheit müssen die Schrauben immer mindestens einen Zentimeter tief in die Mutter gedreht sein.

4 Nachdem das Rad eingebaut ist, werden die Bremsbeläge gegen die Felge gedrückt und die Befestigungsschraube angezogen – so ist die Bremse grob über der Felge zentriert, und der Bowdenzug kann angeschlossen und die Bremsbeläge können eingestellt werden.

5 Die größte Bremswirkung erzielt man mit dem Zentrieren der Bremse – dies sorgt zudem dafür, dass die Beläge nicht an der Felge schleifen. Die Bremswirkung setzt schneller ein, und man hat am Hebel ein besseres Gefühl, wenn beide Beläge die Felge gleichzeitig erreichen.

6 Shimano-Bremsen können ohne das Lösen der Befestigungsschraube zentriert werden. Die Einstellschraube oben an der Bremse dient zur Feineinstellung und zur perfekten Ausrichtung.

7 Bei Campagnolo-Bremsen kann auch die Federvorspannung eingestellt werden, die zwar nicht zur Verbesserung der Bremswirkung, aber zur Optimierung des Bremsgefühls am Hebel dient.

8 Bei SRAM-Bremsen wird zum Zentrieren der Bremse ein 10-mm-Maulschlüssel benötigt. Nach dem Einstellen muss überprüft werden, ob die Befestigungsschraube weiterhin fest im Rahmen bzw. der Gabel sitzt.

Bremsbelagausrichtung

Die Schlüssel zur Ausrichtung der Bremsbeläge sind eine perfekt zentrierte Bremse sowie eine perfekte Ausrichtung der Beläge zur Felge, sodass sie nicht am Reifen schleifen und/oder ungleichmäßig verschleißen.

Shimano-Bremssysteme können reichlich Bremskraft übertragen und lassen sich wahrscheinlich am einfachsten einstellen.

1 Campagnolo-Bremsbeläge sind mit einer gewölbten Scheibe ausgerüstet, die das Ausrichten der Beläge zur Felge ermöglicht.

2 Ein korrekt ausgerichteter Bremsbelag liegt zwar perfekt an der Felge an, um jedoch eine hundertprozentige Bremswirkung zu erzielen und gleichzeitig Quietschgeräusche zu verhindern, muss der Belag ganz leicht abgewinkelt sein, sodass er die Felge mit dem vorderen Ende zuerst berührt.

3 Korrekt ausgerichtete Bremsbeläge verbessern nicht nur die Bremswirkung, sondern sie schonen gleichermaßen die Felge wie den Reifen, dessen Flanken durch einen schleifenden Belag rasch zerstört würden.

4 Bei den neuesten Record Skeleton-Bremsen von Campagnolo sind die Bremsbeläge mit Torx-Schrauben befestigt.

5 SRAM weicht nicht weit von Shimano und Campagnolo ab. Die Einstellung der Beläge ähnelt der bei Campagnolo, während das Bremssystem dem von Shimano vergleichbar ist.

Montage neuer Bremsbeläge

Statt neue Bremsbeläge zu installieren, empfiehlt es sich, Bremsbelagträger einzubauen und anschließend nur die Beläge selbst auszutauschen. Diese sind stabiler als die reinen Gummi-Bremsbeläge, und die Träger können eingebaut bleiben, sodass sie nach dem Austausch der Beläge nicht wieder neu eingestellt werden müssen.

Zu viel Spiel im Bremszug und erhöhtes Spiel im Bremshebel können darauf hinweisen, dass die Beläge zu verschleißen beginnen. Das Bremszugspiel kann während der Fahrt mithilfe der Einsteller an den Bremsen justiert werden.

Eine Grundeinstellung des Bremszugspiels wird am besten dadurch erreicht, dass man die Klemmschraube der Bremse lockert, den Zug hindurchzieht und die Schraube wieder anzieht. Alle Bremsbeläge sind mit Verschleißmarkierungen ausgerüstet, die regelmäßig – besonders nach längeren Fahrten bei Nässe – kontrolliert werden müssen.

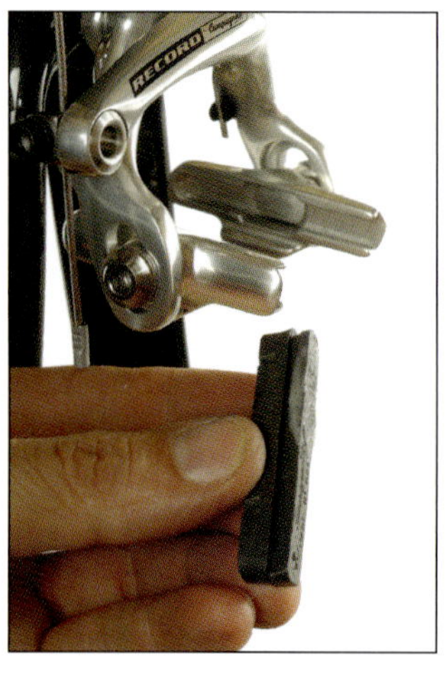

1 Campagnolo-Bremsbeläge erfordern eine hauchdünne Schicht Vaseline in der Trägernut, um den Belag einschieben zu können.

2 Sowohl die Träger als auch die Beläge sind entsprechend ihrer Einbaulage (rechts oder links) markiert – prüfen Sie vor dem Einbau, ob alle Teile korrekt ausgerichtet sind.

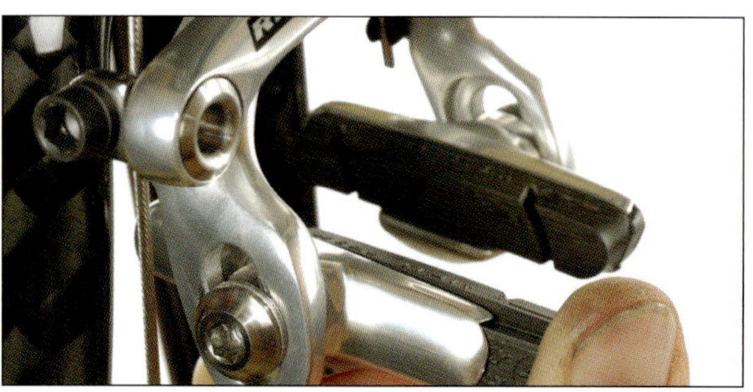

3 Drücken Sie den Bremsbelag in die Nut des Trägers – dies kann etwas schwierig sein, da die Beläge fest sitzen müssen. Die offene Seite des Trägers muss immer hinten liegen, damit das drehende Rad den Belag gegen die geschlossene Seite drückt – andersherum installiert könnten die Beläge aus dem Träger herausgeschoben werden.

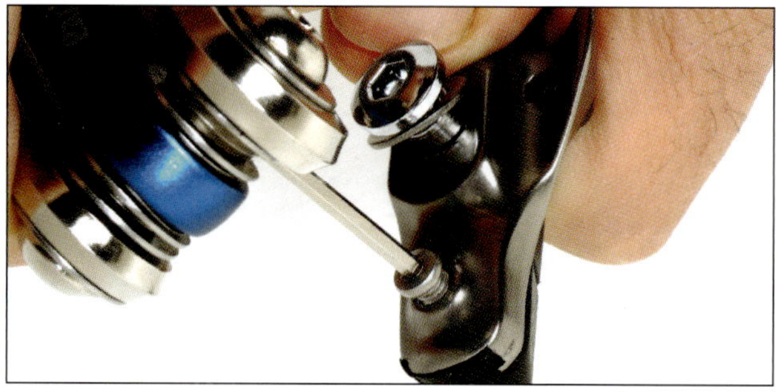

4 Bei Shimano ist der Träger mit einer Schraube ausgerüstet, die zusätzlich den Belag sichert.

5 Nach dem Lösen der Schraube lässt sich der Belag leicht aus dem Träger ziehen.

Carbonfelgen

Aus Kohlefasermaterial bestehende Felgen können problematisch werden, denn aufgrund ihrer griffigen und unebenen Oberflächenstruktur können sie nicht die gleichmäßige, berechenbare Bremswirkung bieten wie eine geschliffene Aluminiumfelge. Oft gibt es zwischen keiner und voller Bremswirkung kaum eine Wahl, und bei Nässe ist die Wirkung gleich Null. Normale Gummi-Bremsbeläge fressen sich in Carbonfelgen ein, erzeugen gefährliche Vibrationen oder lassen das Rad ruckartig blockieren.

Es sollten daher immer die vom Felgenhersteller empfohlenen Bremsbeläge benutzt werden. Beläge aus Kork-Verbundstoff von Zipp, Shimano und Swissstop können die Bremswirkung verbessern. Obwohl sie niemals so gut sind wie mit richtigen Belägen verzögerte Alufelgen, lassen sich Carbonfelgen so wenigstens berechenbar und sicher verzögern.

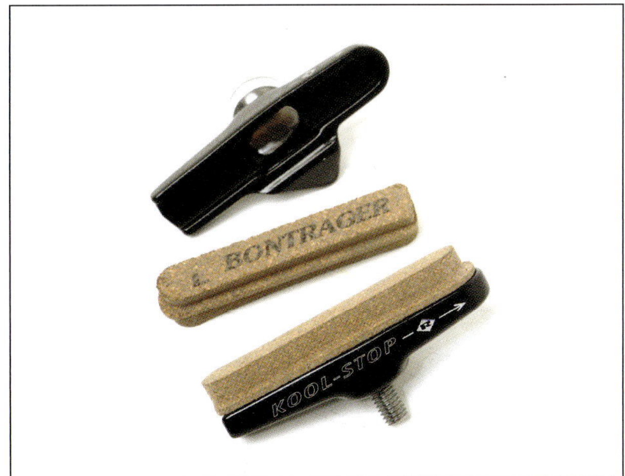

Bowdenzugmontage

Bremszüge müssen regelmäßig kontrolliert werden, außerdem muss besonders auf sie Acht gegeben werden, wenn die Bremse zum Ausbau des Rades gelöst wird.

Beschädigte Züge oder in die Hüllen eingedrungenes Wasser verschlechtern die Bremswirkung beträchtlich. Manchmal lässt sich nur schwer bestimmen, wann und wo ein Zugseil klemmt, doch ein schwammiges oder steifes Gefühl im Hebel ist ein sehr verräterisches Zeichen. Am besten lässt sich das Problem natürlich durch den Austausch des gesamten Bremszuges beheben, doch auch das Zerlegen und Einsprühen mit hochwertigem Schmierstoff kann eine Weile helfen.

Es kommt relativ selten vor, dass Bremszüge gefährlich ausfransen, aber besonders wenn sich die Bremse steifer als gewöhnlich anfühlt, sollte das Zugseil genau überprüft werden. Ein raues Bremsgefühl kann auch durch einen schlecht verlegten Zug entstehen. Abgerissene Bremszüge sind selten, doch muss darauf geachtet werden, dass das Seil nicht an der Klemmschraube ausfranst, da dies auch weitere Einstellungen erschwert.

Viel Spiel im Bremshebel und nur langsames Zurückkehren in seine Ruheposition deuten ebenfalls an, dass der Bremszug ersetzt werden muss. Bei einfachen Bremsen kann dies auch ein Hinweis darauf sein, dass die Lagerung schwergängig oder die Feder ermüdet ist.

1 Bei allen Bremssystemen muss zunächst die Bowdenzughülle hinten aus dem Bremshebel befreit werden. Die Hülle muss sauber abgeschnitten sein und darf innen keine scharfen Kanten aufweisen.

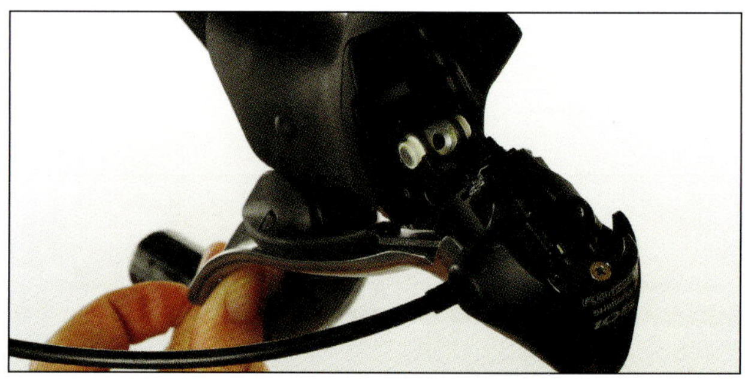

2 Bei Shimano STI-Hebelgehäusen sitzt die Nippel-Aufnahme tief im Hebelgehäuse verborgen. Bewegen Sie den Hebel zu einer Seite, um den Ausbau zu erleichtern.

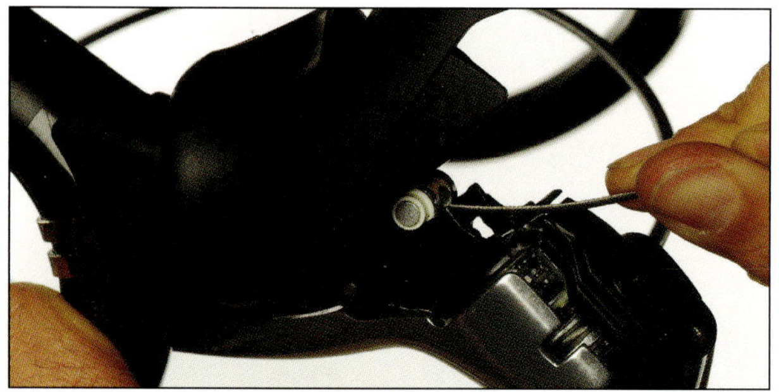

3 Nachdem das Bremsseil installiert ist, kann die Tülle wieder an ihre Position am Hebelgehäuse zurückkehren.

4 Neue Campagnolo-Züge sind mit einem angespitzten Ende ausgerüstet, was das Verlegen durch den Hebel erleichtert.

5 Bremszüge von SRAM ähneln im Aufbau denen von Campagnolo und sind genauso einfach zu installieren.

6 Ein gefetteter Nippel sorgt für weniger Reibung und damit Ruhe beim Bremsen; zudem wird der Verschleiß am Bremszug minimiert.

7 Bowdenzughüllen müssen genau abgemessen werden (am besten mithilfe der alten Hülle), um dann mit einem hochwertigen Schneidwerkzeug möglichst gerade gekürzt zu werden – ggf. mit einer Feile nachbearbeiten. Die innere Nylonhülle muss rundherum sichtbar sein.

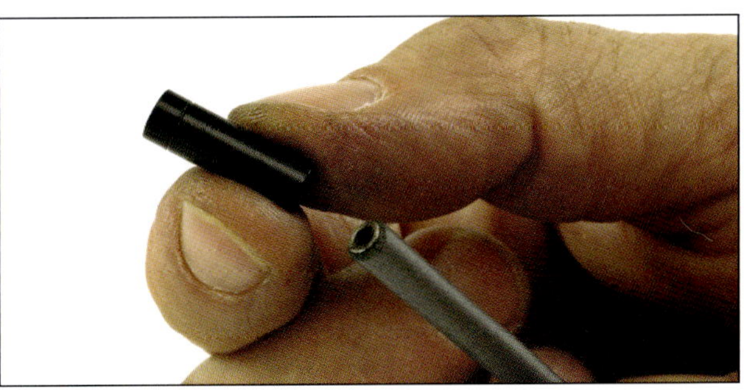

8 Anders als bei Schaltzügen muss bei Bremszügen eine Anschlagöse nur dort aufgeschoben werden, wo der Zug ein Rahmen-Widerlager berührt. Neue Hüllen sind an einem Ende mit einer solchen Hülse ausgerüstet – ich beginne damit immer am Bremshebeleinsteller.

9 Die um das Sattelrohr verlegte Hülle der Hinterradbremse muss genau die richtige Länge haben, um den Zug sanft und ungehindert zur Bremse zu führen. Eine zu lange Hülle erzeugt zusätzliche Reibung.

10 Solche Abstandshalter verhindern, dass der Bowdenzug gegen das Rahmenrohr schlägt und den Lack beschädigt oder Geräusche macht.

11 Nachdem das Zugseil durch die Klemmschraube geführt ist, wird die Bremse gegen die Felge gedrückt und die Schraube angezogen. Lassen Sie für spätere Einstellungen etwa zwei bis drei Zentimeter Seil stehen, und schneiden Sie den Zug mit einem scharfen Seitenschneider ab.

12 Installieren Sie schließlich eine Seilzugkappe, um den Zug nicht ausfransen zu lassen. Dies schützt vor Verletzungen durch die einzelnen Litzen, und es erlaubt spätere Einstellungen der Bremse.

Bremsen-Tipps

- Überlange Bowdenzughüllen sorgen für zusätzliche Reibung und damit verringerte Bremswirkung – also müssen die Hüllen gerade so kurz gewählt werden, dass sie nicht die Lenkung behindern.
- Bremszüge müssen regelmäßig geschmiert und ersetzt werden.
- Saubere Felgen haben einen großen Einfluss auf die Bremswirkung. Säubern Sie die Felgen regelmäßig mit Bremsenreiniger aus dem Autozubehör, da abgelagerter Bremsstaub sowohl die Wirkung verschlechtert als auch den Verschleiß der Beläge und der Felge erhöht.
- Bremsenquietschen entsteht durch Vibrationen. Sobald ein Belag die Felge berührt, erzeugt er Reibung und verzögert das Rad. Das Ergebnis dieser Reibung sind Vibrationen und Wärme, die dafür sorgen, dass die Beläge verschleißen. Quietschen kann durch ein korrektes Einstellen der Beläge vermindert werden (siehe Seite 139); gegebenenfalls muss ein anderes Belagmaterial benutzt werden. Hilft dies alles nichts, kann übermäßiges Spiel in der Bremse vorliegen, sodass diese ersetzt werden muss.
- Bremsbeläge verschleißen im Trockenen relativ langsam und gleichmäßig. Bei nasser (und schmutziger) Straße können die Beläge jedoch innerhalb von wenigen Stunden verschlissen sein – besondere Vorsicht ist in den Bergen geboten.

Einstellungstipps für die Bremshebel

- Experimentieren Sie mit der Position der Hebel am Lenker (siehe Seite 154).
- Ein runder und leicht abfallender Lenker erlaubt es einem, näher an die Hebel zu gelangen.
- Shimano bietet einen Konverter an, der die STI-Hebel näher an den Lenker bringt.
- Die Bremszüge dürfen nicht zu stramm verlegt sein, da man die Hände besser um die Hebel legen kann, wenn im Bremssystem etwas Spiel besteht.

PARK TOOL
USA
15
RECORD Campagnolo

9

Sattelstützen und Sättel

Sattelstütze

Material

Sattelstützen werden üblicherweise aus Aluminium gefertigt. Die hierfür am besten geeigneten Teile bestehen aus sich verjüngendem (»butted«) Easton EA 70-Rohr aus 7075-T6 oder 6061-T6.

Stützen aus Chrom-Molybdän-Stahl sind sehr stabil und daher für Cyclo-Cross- und Bahnrenner geeignet, allerdings wiegen sie etwas mehr. Sie eignen sich besser für Fahrten in der Ebene als in den Bergen.

Titan ist ein exzellentes Sattelstützenmaterial, da es Flexibilität und Stabilität mit geringem Gewicht verbindet. Titan- oder Stahlrohre eignen sich besser für kompakte Rahmen, an denen Sattelstützen eingesetzt werden müssen, die länger als 30 Zentimeter herausragen.

Kontaktpunkte

Zunehmend populärer werden Carbonsattelstützen, allerdings muss hier besonders nach Stürzen und langen Strecken bei Nässe eine penible Untersuchung auf Beschädigungen stattfinden (mehr Details über Kohlefaser siehe Seite 9).

Defekte

Der schlimmste Fall wäre ein Bruch, doch Sattelrohre brechen normalerweise nur ab, wenn man längere Zeit mit einer verbogenen oder beschädigten Stütze weiterfährt und das Material zu stark belastet – dauerhafte Biegungen führen zu einem Ermüdungsbruch. Zudem tritt dies üblicherweise nur bei kompakten Rahmen auf, bei denen die Stütze mehr als 25 Zentimeter aus dem Rahmen ragt. Eine Sattelstütze kann leicht mithilfe eines angelegten Richtwinkels oder Lineals auf Verzug überprüft werden – dies sollte regelmäßig und besonders nach Stürzen durchgeführt werden.

Die Klemme kann an verschiedenen Stellen brechen – die beiden Bügel können brechen, mit denen die Sattelschienen zusammengeklemmt werden, oder die Kerben, mit denen die Position gesichert wird, verschleißen. Hochwertige Sattelstützen werden nur sehr selten kaputtgehen, und regelmäßiges Kontrollieren und Reinigen schützt vor hässlichen Unfällen.

Die Sattelklemmpratze besteht aus zwei Hälften – die eine hält den Sattel auf dem Stutzen, die andere sichert seine Ausrichtung.

Bevor die Sattelstütze in das Sattelrohr gesteckt wird, muss sie immer dünn mit Fett bestrichen werden; damit muss sie sich ohne Kraftaufwand, aber auch ohne zu wackeln hineinschieben lassen, bevor sie mit der Klemme gesichert wird. Das Fett sorgt dafür, dass die unterschiedlichen Materialien sich nicht durch Korrosion »kalt verschweißen«. Beim Einstellen der Sattelhöhe darf die Stütze niemals über die eingeätzte Markierung für die minimale Einschubtiefe (»MIN INSERT«) hinaus aus dem Sattelrohr gezogen werden (siehe unten). Ist es für die richtige Sitzposition notwendig, so ist entweder der Rahmen zu klein oder die Sattelstütze zu kurz.

Länge

Sattelstützen gibt es in verschiedenen Längen – bei Rennrädern sind solche mit 250 und 300 mm verbreitet. Wie bereits erwähnt, muss ein beträchtlicher Teil der Stütze im Sattelrohr verbleiben. Die Stützen sind mit Markierung für die minimale Einschubtiefe (»MIN INSERT«) oder maximale Höhe (»MAX. HEIGHT«) versehen, die nicht aus dem Rahmen herausragen dürfen – sie schützen nicht nur die Sattelstütze, sondern sorgen auch dafür, dass der Rahmen im oberen Bereich nicht überlastet und durch die Hebelwirkung der Sattelstütze beschädigt wird.

Größe (Durchmesser)

Der Innendurchmesser des Sattelrohres hängt vom Material des Rahmens ab. Stahl- und Standard-Aluminiumrahmen haben normalerweise 26,4 bis 27,2 mm, manche Spezialrahmen haben auch unter 25 oder über

32,7 mm Durchmesser. Wichtig ist, exakt die richtige Größe für seinen Rahmen zu kaufen, da bereits eine Abweichung von 0,2 mm in beide Richtungen einen korrekten Einbau unmöglich macht und bei einem Versuch den Rahmen zerstören kann.

Montage des Sattels

Es gibt verschiedene Sattelaufnahmen, und die meisten hochwertigen Klemmpratzen sind mit einer einzelnen Schraube gesichert, die auch die korrekte Einstellung ermöglicht. Rennsättel sind heute so ausgeführt, dass der Zugang zur oberen Pratze sehr leicht ist.

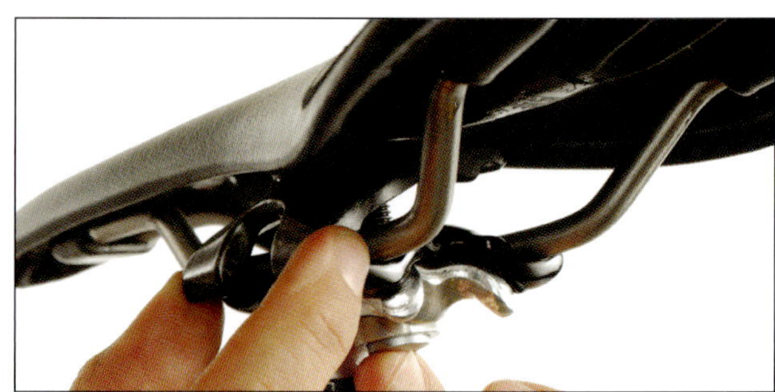

Sattelstützen mit zwei Schrauben sind extrem sicher, aber schwieriger einzustellen. Ich mag diese Ausführungen, weil sie nicht wie die Einschraubenvariante knarzen oder sich lockern.

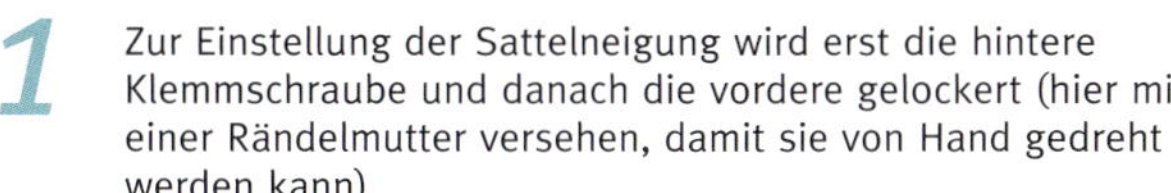

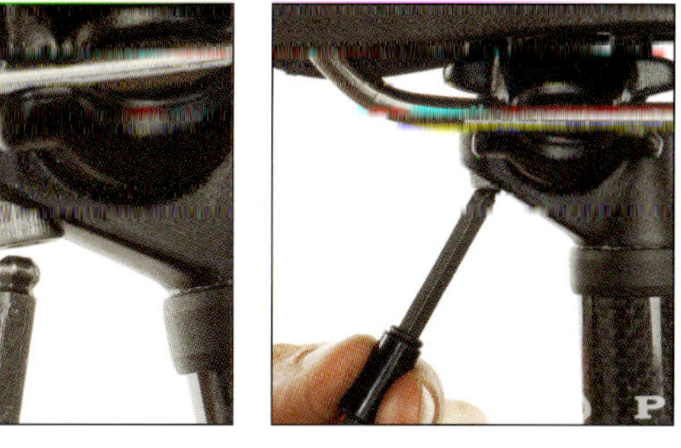

1 Zur Einstellung der Sattelneigung wird erst die hintere Klemmschraube und danach die vordere gelockert (hier mit einer Rändelmutter versehen, damit sie von Hand gedreht werden kann).

2 Um die hintere Schraube besser erreichen zu können, empfiehlt sich der Einsatz eines Kugelkopf-Inbusschlüssels – so zerkratzt man die Stütze nicht und kann die Schraube besser drehen.

3 Falls die Klemmpratze mit einer Riffelung ausgerüstet ist, muss sichergestellt sein, dass diese absolut sauber und fettfrei ist. Hier weisen die schwarzen Oxydspuren auf Abrieb durch einen lockeren Sitz und entsprechenden Verschleiß hin.

4 Das untere Klemmstück muss ebenfalls gereinigt, getrocknet und mit dünnem Öl eingerieben werden. Im Bereich der Sattelklemmung hat Fett nichts verloren!

5 Einzel-Klemmschrauben müssen im Bereich der Klemme und der Distanzhülsen mit dünnem Öl eingerieben werden.

6 Auch die Gewinde profitieren von etwas Schmierstoff; allerdings muss sichergestellt sein, dass überschüssiges Öl (hier kann auch Fett benutzt werden) abgewischt wird, da die Sattelstütze direkt über dem Hinterrad liegt und sämtlicher gegen sie geschleuderte Schmutz daran haften würde.

7 Carbonsattelstützen müssen regelmäßig ausgebaut und gereinigt werden. Mit Poliermittel werden sie auf Hochglanz gebracht.

8 Auch das Sattelrohr muss innen gereinigt werden. Carbonstützen dürfen nicht gefettet werden – wenn sie sich nur schwer ins Sattelrohr drücken lässt oder dieses innen nicht perfekt glatt ist, sollte besser eine Alusattelstütze verwendet werden; muss es unbedingt eine Carbonstütze sein, kann das Sattelrohr ausgefräst und gereinigt werden.

9 Innerhalb des Sattelrohres darf es keine scharfen Grate und Kanten geben, zudem muss die Schelle geöffnet sein, bevor eine Carbonstütze eingeschoben wird. Kratzer an der Lackoberfläche (wie hier gezeigt) sind tolerierbar, solange sie sich innerhalb des Sattelrohres befinden – tiefe Kratzer und Riefen können hingegen die Struktur des Rohres angreifen. Beschädigungen an der Kohlefaseroberfläche bedeuten, dass die Sattelstütze unverzüglich ersetzt werden muss.

10 Falls eine Carbonsattelstütze verwendet wird, sollte auch eine Schelle (hier von Campagnolo) benutzt werden, die davor schützt, dass das Sattelrohr nicht im Bereich der Nut verbogen wird und dadurch die Stütze beschädigt. Eine Standardklemme muss so gedreht werden, dass ihre Nut gegenüber der Sattelrohrnut liegt. Schäden in diesem Bereich können katastrophale Wirkungen haben, sodass besondere Vorsicht geboten ist.

11 Die Sattelstützenklemme darf nur bis zum vom Hersteller vorgegebenen Drehmoment angezogen werden. Falls die Sattelstütze danach immer noch im Sattelrohr rutscht, darf die Schelle nicht weiter festgezogen werden – wahrscheinlich ist eine Sattelstütze mit einem anderen Durchmesser notwendig, oder der Rahmen benötigt Aufmerksamkeit. Zu fest angezogene Schellen können das Rohr beschädigen! Muss stärker angezogen werden, obwohl der Durchmesser stimmt, sollte eine Sattelstütze aus Aluminium oder Titan verwendet werden.

Geräusche

Die Sattelstütze kann die Quelle lästiger Knarr- und Quietsch-Geräusche sein. Normalerweise reicht eine sorgfältige Reinigung und erneutes Zusammensetzen aller Teile aus, um Ruhe einkehren zu lassen. Vergessen Sie bei der Kontrolle nicht die Sattelschienen – besonders dort, wo wie mit dem Sattel verbunden sind. Ein Spritzer Öl an die Enden der Schienen kann ausreichen, die Reibung in Schach zu halten.

Die Unterseite des Sattels muss regelmäßig gereinigt werden, da sich bei Nässe hier reichlich Schmutz absetzen kann.

Lenkereinstellung

Position

Manche Fahrer benutzen die Enden ihrer Lenker so gut wie nie, einfach weil sie zu tief und zu weit weg liegen, um gut fahren zu können. Die Wahl des Lenkers spielt eine wichtige Rolle beim Komfort, also muss einer ausgesucht werden, der in der Breite, im Bogen und in der Neigung richtig ist – die meisten Fahrer benutzen Lenker, die in all diesen Dimensionen zu groß sind.

Lenkervermessung

Die meisten Hersteller geben die Breite ihrer Lenker zwischen den Mittelpunkten der Bogenrohre an. Normale Rennräder haben Lenker mit 42 cm Breite; diese passen fast allen Fahrern, doch manche Frauen oder Jugendliche sollten auf schmalere Lenker mit engeren Bögen zurückgreifen – es gibt sie zwischen 38 und 48 cm Breite, und manche Hersteller bieten auch andere Konstruktionen an, die noch breiter sind. Grundsätzlich passend ist ein Lenker in der Breite der Fahrerschultern. Je breiter der Lenker, desto mehr Kontrolle hat man über die Lenkung. Daher wählen CycloCross-Fahrer auch gerne eine Nummer größer, da sie an einem breiteren Lenker eine bessere Hebelwirkung haben. Dieser Lenker benötigt aber auch mehr Kraftaufwand, da die Arme parallel am besten arbeiten.

Schmale Lenker sind gut geeignet für Sprints und Anstiege.

Runde Lenker

Früher einmal waren Lenker rund. Zum Glück gibt es immer noch einige Firmen, die runde Lenker produzieren. Die meisten Lenker kommen heute in flachen oder tiefen Ovalformen – Erstere für Fahrer mit kleineren Händen und Letztere für Sprinter und Bahnfahrer.

Bahnlenker

Sprinter brauchen Stahllenker. Sie sind schwer, aber sie bieten unvergleichliche Stärke und Stabilität – was entscheidend ist, um die Kraft aufnehmen zu können. Sie werden in immer tieferen Ovalen ausgeformt, sodass sie sich nicht wirklich gut für Langstreckenfahrer eignen, die gerne den gleichen Lenker nehmen wie bei ihrem Straßenrad. Beim Aufbau eines Bahnrades muss berücksichtigt werden, dass sich die Körperposition über den Hebelaufnahmen des Lenkers leicht verschiebt. Also sind oft schmalere Lenker die perfekte Wahl, um sich durch Lücken zu quetschen und die Arme eng beieinander zu halten.

Ergo-Lenker

Die meisten Lenkerhersteller bieten eine Vielzahl an Lenkerformen an. Diese sollen komfortablere Handpositionen und ergonomischen Komfort bieten als runde Lenker – wenn sie allerdings falsch eingestellt sind, können sie genau das Gegenteil bewirken. Im Allgemeinen haben Ergo-Lenker direkt hinter den Bremshebeln einen flacheren Bereich, um bei Sprints und Gefällestrecken mehr Komfort zu bieten. Dieser Bereich muss auf den Fahrer abgestimmt werden, bevor der Bremshebel fest montiert wird. Den richtigen Lenker zu finden, kann etwas dauern, sodass es niemals eine gute Idee ist, Hunderte Euro für Lenkrohre auszugeben – teilweise, weil sie einem nicht richtig passen können, aber auch, weil ein Lenker bei einem Sturz leicht zerstört wird. Mein Rat lautet, preiswertere Aluminiumlenker zu kaufen und verschiedene Marken auszuprobieren, bevor man sich für eine Form entscheidet, die perfekt zu einem passt.

1 Der Lenker muss vorsichtig und möglichst ohne Kratzer im Vorbau positioniert werden. Im eingebauten Zustand darf der Lenker nicht zu viel gedreht werden, da dies sowohl die eigene Struktur wie auch die des Vorbaus schwächen kann.

2 Üblicherweise ist der Lenker in der Mitte mit Markierungen versehen, die einem auch Hinweise auf die richtige Ausrichtung geben, wenn sie mit dem Klemmstück fluchten.

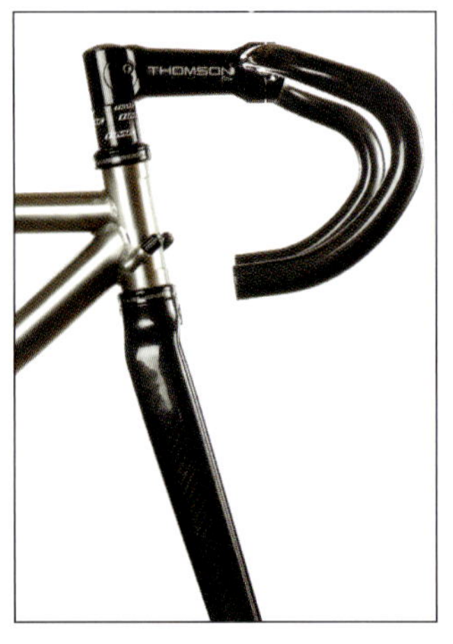

3 Die unteren Enden des Lenkers sollten entweder parallel zum Vorbau oder dem Untergrund verlaufen. Bei runden Lenkern zeigt der abgeflachte letzte Teil üblicherweise zur Hinterachse. Bei der Montage des neuen Lenkers muss der korrekte Sitzwinkel sichergestellt sein, und die Position der Enden muss sich natürlich und komfortabel anfühlen, bevor die Bremshebel installiert werden.

4 Um die Hebel montieren zu können, muss zunächst die Klemme hinten aus dem Hebel entfernt werden – würde man versuchen, die Hebel bei montierter Klemme aufzuschieben, hätte dies nur einen zerkratzten Lenker zur Folge (besonders schlecht bei Carbonlenkern).

5 Schieben Sie die Klemme in ihre Position – sie sollte sich selbst darin halten können. Manche Lenker sind im Bereich der Hebel an der Rückseite angeraut, um den Halt der Klemme zu verbessern und die Position des Hebels anzeichnen zu können.

6 Alle Hebelhersteller (gezeigt ist ein Shimano-Modell) verwenden eine im Hebelgehäuse versenkte 5-mm-Inbusmutter, die mit der Schraube der Hebelklemme verbunden wird. Es ist hilfreich, die Gummiabdeckung etwas zurückzuziehen, um das Gehäuse korrekt über der Schraube auszurichten.

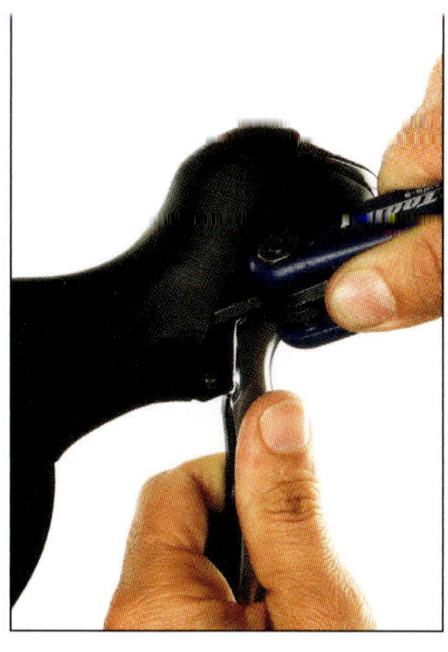

7 Bei Shimano ist die Mutter über eine Aushöhlung von der Außenseite her zugänglich.

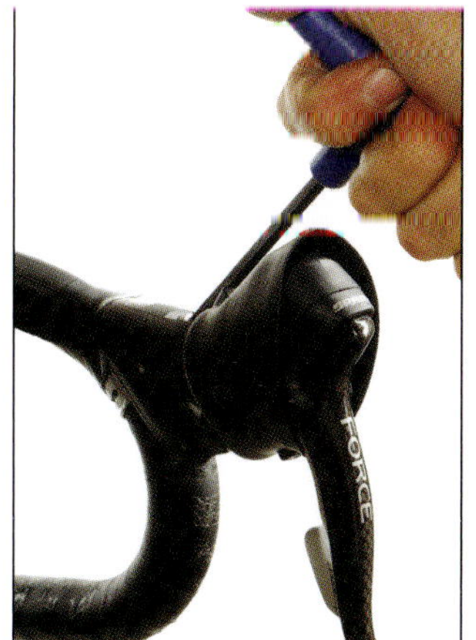

8 Bei Campagnolo und SRAM muss die Hebelabdeckung etwas nach vorne gerollt werden (bei Campagnolo-Hebeln darf sie beim Ziehen über den Daumenhebel nicht eingerissen werden); dann wird mit einem T-Griff-Schlüssel die Mutter angezogen.

9 Die Spitze des Bremshebels muss mit der Unterseite des Lenkers fluchten – erledigen Sie dies mithilfe eines Lineals, bevor verschiedene Handpositionen ausprobiert werden, um das richtige Gefühl zu bekommen.

10 Die Hebel sollten parallel zum Boden positioniert werden – richten Sie sie mithilfe eines Lineals zur Oberseite des Lenkers aus. Ziehen Sie die Hebelklemmen nicht zu fest an, da sie leicht brechen können; außerdem können die Hebel bei einem Sturz abbrechen, wenn sich ihre Halter gar nicht verdrehen lassen.

Tipps

Ein knarrender Lenker kann ruhig gestellt werden, indem man ihn vom Vorbau entfernt, sorgfältig reinigt und mit eingefetteten oder mit Kupferpaste versehenen Schrauben wieder montiert. Notfalls müssen auch der Vorbau demontiert, das Gabelrohr überprüft und alles gereinigt werden.

Ein Lenker muss nach einem schweren Sturz und sollte nach mehrjährigem hartem Einsatz ausgetauscht werden. Zwar sind Brüche selten, aber sie treten ohne große Vorwarnung auf – und können zu schweren Stürzen führen.

Das Einrichten der korrekten Lenkerposition kann sehr lange dauern – manche Fahrer experimentieren noch nach Jahren mit den Stellungen ihrer Lenker und Hebel. Bei der »korrekten« Fahrposition liegen die Hände ganz natürlich auf den Hebelhaltern; erscheinen sie zu weit weg, kann es sein, dass der Lenker weiter nach hinten gesetzt werden muss – manchmal hilft ein kürzerer Vorbau, manchmal erst ein kürzerer Rahmen (mehr darüber auf Seite 22).

Während die Hände um den Hebelhalter gelegt sind, lassen sich mühelos die Gänge wechseln und die Bremsen betätigen. Muss man die Hände für jeden Schalt- oder Bremsvorgang von oben nach vorne bewegen, stimmt mit der Lenker- und Hebeleinstellung etwas nicht. Es geht beim Lenker nicht darum, dass er sportlich aussieht, sondern dass er ergonomisch richtig eingestellt und komfortabel ist.

Die Bremshebel müssen bequem erreichbar sein und die Finger sich problemlos darumlegen lassen. Bei Ergo-Lenkern ist dies für Leute mit kleineren Händen nicht immer möglich.

Lenkerband

Es gibt mehrere Möglichkeiten, dass Lenkerband anzubringen. Jeder Mechaniker hat seine speziellen Vorlieben, sodass keine generelle feste Regel angegeben werden kann. Frisches Lenkerband sollte am besten nach einer großen Inspektion oder Zerlegung angebracht werden. Hier ist eine erprobte Methode beschrieben.

Profi-Rennfahrer und ihre Mechaniker können regelrecht besessen von sauberem und weichem Lenkerband sein, und von einigen Bahnfahrern weiß man, dass sie ihr Band selbst kurz vor dem Start zu einem großen Rennen noch wechseln, wenn sie irgendwo einen Fleck oder Fehler finden.

Wie bei allen Feinarbeiten wird vor allem gute Vorbereitung und viel Zeit benötigt. Zuerst muss das richtige Band ausgewählt werden und sichergestellt sein, dass dies die vorerst letzte Arbeit am Fahrrad ist. Nun die Hände waschen und alles Nötige bereitlegen.

Oberste Priorität ist es, das Band gleichmäßig um den Lenker zu wickeln und nichts unbedeckt zu lassen. Die Überlappung sollte etwa ein Drittel betragen – dies kann jedoch zwischen geraden und gebogenen Sektionen variieren. Auf keinen Fall darf das Band geknickt sein – es gibt keine größere Ablenkung als eine Beule unter dem Lenkerband.

Der nötige Zug am Band ist eine Erfahrungssache, und die Spannung muss etwas steigen, wenn der Kleber nicht so gut hält. Ein gutes Lenkerband muss fest um das Rohr gewickelt sein – zieht man jedoch zu fest, riskiert man ein Reißen des Gewebes.

Werkzeug:
- **Isolierband**
- **Schere**
- **5-mm-Inbusschlüssel für die Hebelhalter**

1 Zuerst muss der Lenker von sämtlichen Resten alten Bandes befreit werden. Der in das Band eingedrungene Schweiß kann den Lenker klebrig und unansehnlich gemacht haben – mit Spiritus oder Zitrusreiniger sollte er gesäubert werden können. Nachdem alles getrocknet ist, werden die Hebel in Position gebracht (siehe Seiten 152/153).

2 Nun werden die Gummiabdeckungen der Hebelhalter vom Lenker weggezogen und umgeklappt (ohne sie dabei einzureißen). So erhält man Zugang zu allen Bereichen, die umwickelt werden müssen.

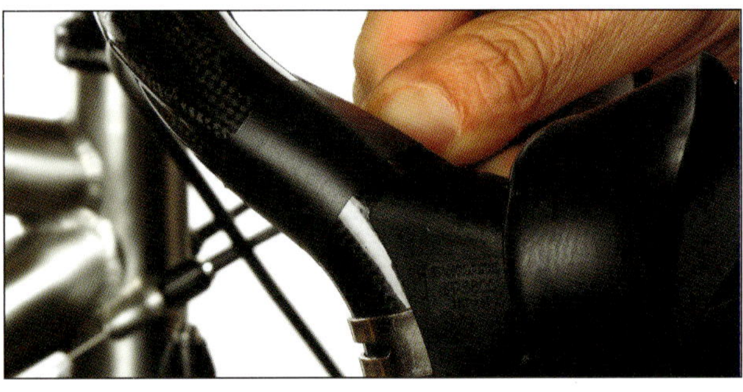

3 Jetzt werden die (korrekt ausgerichteten) Bowdenzüge mit Isolierband am Lenker fixiert. Ungesicherte Bowdenzüge lassen sich schwer umwickeln. Falls sich herausstellt, dass die Züge zu kurz sind, müssen sie ersetzt werden.

4 Manche Mechaniker umwickeln den gesamten oberen Bereich des Lenkers mit Isolierband, damit die Züge nicht unter dem Lenkerband herumwandern können – wichtig ist, die Züge überhaupt zu sichern, damit sie beim Anbringen des Lenkerbandes nicht im Wege sind.

5 Bei den Ergopower-Hebeln von Campagnolo müssen die Brems- und Schaltzüge unter dem Lenkerband versteckt werden. Bei den meisten Lenkern findet sich eine Nut, um die Züge etwas verstecken und sicher positionieren zu können.

6 Die vorderen Nuten sind für die Bremszüge, die hinteren für die Schaltzüge. Wenn es separate Nuten für die Züge gibt und man Shimano-Hebel benutzt, sollte die hintere Nut mit einem Streifen alten Lenkerbandes gefüllt werden, sodass der Lenker hinten rund wird, nachdem er umwickelt ist.

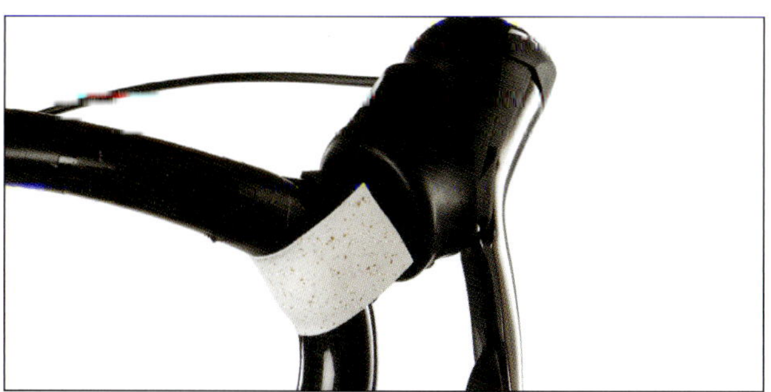

7 Lenkerband wird üblicherweise mit einem kurzen Zusatzstück geliefert, das hinten um die Bremshebelklemme gewickelt wird. Schneiden Sie es so zurecht, dass es den gesamten Lenker hinter dem Bremshebel abdeckt. Bei Campagnolo Ergo-Hebeln kann es nötig sein, das Band leicht abgewinkelt aufzukleben, da diese Hebelgehäuse etwas größer sind als die von Shimano.

8 Gutes Korkband ist auf der Rückseite mit Kleber und dieser eventuell mit Schutzpapier versehen. Ziehen Sie das Papier an einem Ende ab (nicht komplett, da das Lenkerband sonst überall festkleben würde), und beginnen Sie an der Unterseite eines Lenkerendes, das Band außen herum und drei Viertel überlappend um den Lenker zu wickeln.

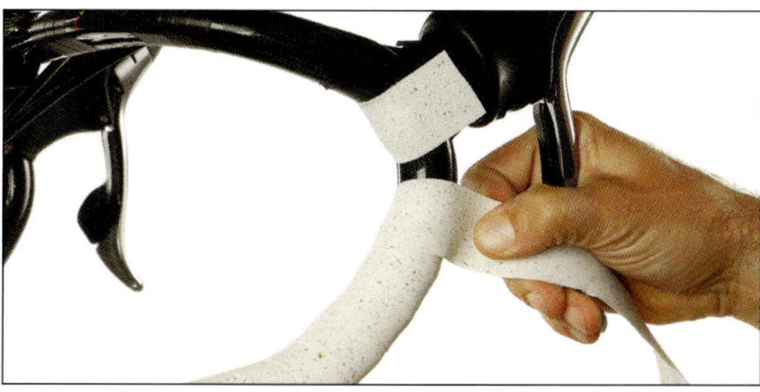

9 Umwickeln Sie den Lenker nun gleichmäßig bis etwa zwei Runden vor dem Hebel. Nachdem klar ist, wie viele Umwicklungen benötigt werden, um den Hebel zu erreichen und diesen sowie den Lenker ohne Unterbrechungen zu überdecken, wird die Überlappung angepasst, um zum oberen Rand des Hebelhalters zu kommen.

10 Wenn der Hebelhalter im richtigen Winkel erreicht ist, kann das Band so um dessen Rückseite und über ihn hinweg gewickelt werden, dass diese Bereiche und beide Seiten des Hebels in einer Umrundung bedeckt werden.
Anmerkung: Die Form des Lenkers und die Position des Hebels können hierauf Einfluss haben.

11 Hier sind wir um die Rückseite herum und über den Hebel hinweg – doch um dies zu erreichen, können einige Versuche nötig werden. Versuchen Sie eventuell, das kleine Stück Band an der Rückseite des Hebels neu zu positionieren, damit es hilft, die vom Hauptband hinterlassenen Lücken abzudecken.

12 Der Bereich oberhalb der Hebelhalter ist üblicherweise der am meisten beanspruchte, sodass hier besonders darauf geachtet werden muss, dass die Überlappung gleichmäßig ist. Jegliche Lücken, »Unterlappungen« oder Falten sorgen später für reichlich Beeinträchtigungen. Nehmen Sie sich Zeit, und überprüfen Sie auch den Bereich unten am Lenker.

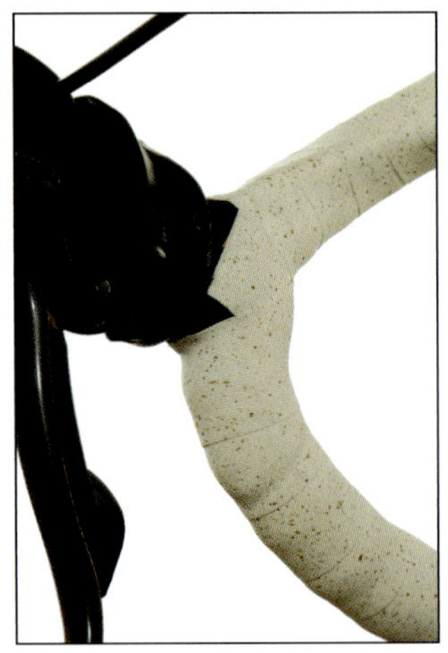

13 Auch die Rückseiten der Hebelhalter müssen genau überprüft werden, da dies die letzte Möglichkeit ist, vor dem letzten Handanlegen noch etwas gerichtet zu bekommen. Die Rückseite des Hebels muss korrekt abgedeckt sein. Falls Lücken sichtbar sind, muss der Bereich wieder gelöst und das Band sorgfältig erneut um den Lenker gewickelt werden; lösen Sie dabei das Band vorsichtig, um es nicht zu beschädigen.

14 Die letzten Runden gehen fast bis zur Mitte des Lenkers. Der mittlere Bereich ist üblicherweise mit einer Verdickung abgesetzt. Nachdem das Lenkerband die letzte Runde gedreht hat, wird es so abgeschnitten, dass es rechtwinklig zum Lenker endet.

15 Um einen sanften Mittelbereich hinzubekommen, wird das nun keilförmige Lenkerbandende die letzte Runde so um den Lenker gewickelt, dass sich ein gerader Abschluss bildet. Schließlich wird das Ende der Wicklung mit einer einzelnen Runde Isolierband gesichert.

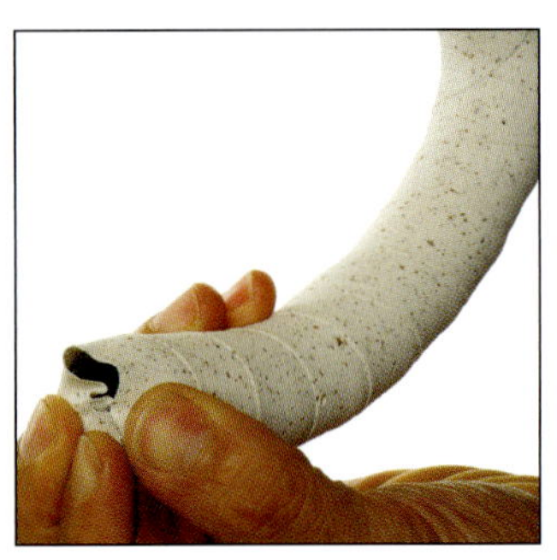

16 Wenn man zu Anfang etwa drei Viertel der Breite des Bandes über das Lenkerende hinaus hat stehen lassen, können die Endstopfen perfekt installiert werden. Falten Sie das überschüssige Band in den Lenker, damit es vor dem Einsetzen des Stopfens in Position bleibt.

17 Jetzt wird der Stopfen in den Lenker gedrückt. Dies sollte relativ einfach gehen; andernfalls muss etwas von dem in den Lenker gedrückten Band abgeschnitten werden, um das Einpressen zu erleichtern.

18 Am Ende müssen die Gummiabdeckungen der Hebelhalter den umliegenden Bereich abdecken. Zu viel Lenkerband unter den Gummis lässt Beulen entstehen, sodass es entsprechend zurechtgestutzt und mit Isolierband gesichert werden muss.

Team SC
Continental
eddy merckx

10

Kurbelgarnituren, Kurbeln und Kettenblätter

Die Kurbeln und die Kettenblätter bilden zusammen die Kurbelgarnitur und damit quasi den Maschinenraum des Fahrrades, in dem die Kraft aus den Beinen direkt in Vortrieb auf der Straße umgesetzt wird. Es gibt heute verschiedene Systeme, und die meisten Hersteller bieten gemeinsame Lösungen für die Kurbelgarnitur und das Tretlager an.

Der wichtigste Punkt ist immer die Kompatibilität; so funktionieren Campagnolo-Kurbelvierkante niemals mit Shimano-Vierkantachsen und umgekehrt. Der ISIS-Antrieb wurde von einer Gruppe kleinerer Hersteller entwickelt, um deren Komponenten untereinander austauschbar zu machen. In Zukunft werden sich Außenlager immer mehr durchsetzen, und die meisten Hersteller bieten bereits entsprechende Systeme an (siehe auch die Seiten 94 bis 96, um mehr über außen liegende Lager zu erfahren).

Antrieb

Tretlager/Kurbelgarniturtypen:

- JIS-Vierkant (Japanischer Industriestandard) – Standard-Vierkantverbindung bei Shimano und anderen fernöstlichen Herstellern.
- Campagnolo-Vierkant – von Campagnolo bis 2007 benutzte Kurbel-Verbindung.
- Octalink – Shimanos Abkehr vom Vierkant; eine mit acht Nuten versehene Verbindung, die eine größere Tretlagerachse erfordert.
- ISIS-Drive (International Spined Interface Standard = Internationaler Keilnutenstandard) – fast alle Hersteller außer Shimano und Campagnolo
- Außenlager – Shimano Hollotech II und Truvativ (SRAM)
- Ultra Torque – Campagnolos Antwort auf Außentretlager (mehr darüber auf den Seiten 169 und 170).

Werkzeug:

- **Inbusschlüssel**
- **Kurbelabzieher und passender Schlüssel**
- **Drehmomentschlüssel und 8-mm-Inbus-Steckschlüssel**
- **Kettenlinien-Werkzeug**
- **Konterring-Schlüssel**
- **Schraubstock oder großer Gabelschlüssel**

Tretlager und Kurbelgarnituren sollten immer von einem Hersteller gekauft werden; allerdings gibt es auch einige kleine Spezialbetriebe (wie Royce), die Tretlager für praktisch alle heutigen Kurbelgarnituren anbieten. Die meisten Hersteller setzen auf ein integriertes System, was bedeutet, dass die Kurbelgarnitur in einer vorgegebenen Position auf der Achse sitzt und dadurch eine perfekte Ausrichtung des Antriebs sichergestellt ist.

»Einstellbare« Tretlager mit Konterringen eignen sich besser für Kurbeln, die axial bewegt werden müssen, um eine gute Kettenlinie zu erzielen. Sie lassen sich mithilfe der seitlich angebrachten Konterringe in die korrekte Position bringen.

Q-Faktor

Dies ist der Abstand der äußeren Flächen beider Kurbelarme, also auch der Abstand der Füße zueinander. Bei Rennrädern beträgt dieser Abstand etwa 145 mm. Viel näher kann man nicht zusammengehen, da die Kurbeln sonst die Kettenstrebe berühren. Ein breiterer Q-Faktor ist nicht gut für die Kniegelenke.

Eine kurze Tretlagerachse ist stabiler und leichter als eine lange. Auch mit kurzen Achsen und einer leicht gekröpften Kurbel lässt sich ein ausreichender Abstand zum Rahmen hinbekommen. Eine 122 mm lange Achse bringt immer einen größeren Q-Faktor und damit eine nachgiebige Kraftübertragung.

Kurbelarme

Bei den Kurbelarmen ist natürlich Stabilität die oberste Priorität. Eine starke Kurbel überträgt sämtliches Stampfen und Ziehen auf das Hinterrad, während eine biegsame Kurbel ineffizient und bruchgefährdet ist. Die Form der Arme sollte glatt und fließend sein und keine plötzlichen Änderungen aufweisen. Scharfkantige Einschnitte und Knicke sorgen für hohe Belastungen und möglicherweise Risse und Brüche.

Kurbellänge

Die üblichen Kurbelarme sind entweder 170, 172,5 oder 175 mm lang. Zwar bieten 175 mm lange Kurbeln eine bessere Hebelwirkung, doch eignen sie sich weniger gut für Menschen unter 1,80 Meter Körperlänge. Aus diesem Grund werden kleinere Fahrräder auch ab Werk mit 170-mm-Kurbeln ausgerüstet. Bahnrenner bevorzugen oft 165 mm lange Kurbeln, um sowohl mehr Bodenfreiheit als auch höhere Drehzahlen erreichen zu können.

Kurbelstern

Der rechte Kurbelarm läuft zumeist in einen fünfarmigen Stern aus, der die Kettenblätter aufnimmt. Ein biegsamer Stern würde dafür sorgen, dass sich die Kettenblätter beim Betätigen des Vorderumwerfers seitlich bewegen; ein verbogener Stern hätte schwergängige Schaltvorgänge zur Folge.

Der Kurbelstern ist wahrscheinlich der wichtigste Teil des Antriebs, und zwar aus zwei Gründen: Erstens ist er verantwortlich für eine akkurate Ausrichtung der Kettenblätter zum hinteren Zahnkranz (Kettenlinie); und zweitens muss er absolut stabil und steif sein, um die Kraftübertragung von den Beinen auf die Kette sicherzustellen.

Ausbau von Standard-Vierkantkurbeln

Solange man die richtigen Werkzeuge benutzt, ist der Ausbau sehr einfach. Nichts geht leichter, als Patronentretlager zu ersetzen, und sollte man noch mit Konusinnenlagern samt losen Kugeln herumfahren, empfiehlt es sich, an einen baldigen Wechsel zu denken. Viele Tretlager sind heute so konzipiert, dass man sich nach dem Einbau keinerlei Sorgen mehr um sie machen muss (Mehr über Tretlager findet sich auf den Seiten 94 bis 96).

Tipp

Der Kurbelabzieher muss äußerst vorsichtig angezogen werden; dabei muss er korrekt in die Kurbelgewinde greifen. Wird der Abzieher nur um wenige Umdrehungen oder gar verkantet eingedreht, kann dies beim Anziehen des Abdrückbolzens das Gewinde ausreißen, sodass die Kurbel schrottreif ist.

1 Standardkurbeln sind mit einem 8-mm-Inbus-Befestigungsbolzen gesichert, der wiederum mit einer Scheibe ausgerüstet ist.

2 Der Bolzen ist zum Schutz des Kurbelgewindes mit einer Zentrierscheibe ausgerüstet (bei Campagnolo mit einer zusätzlichen an der Rückseite), die sichergestellt werden muss.

3 Nachdem die Bolzen und Scheiben entfernt sind, wird die Kurbel mit dem Abzieher demontiert. Das unbedingt notwendige Werkzeug darf das Gewinde der Achse nicht beschädigen. Mit Sprühöl wird jeglicher Schmutz aus dem Kurbelgewinde entfernt.

4 Der Kurbelabzieher ist mit einem Abdrückbolzen versehen, und nachdem der Abzieher so weit wie möglich in die Kurbel geschraubt ist, wird dieser Bolzen angezogen, um sie von der Achse wegzudrücken. Lösen Sie zuerst den Abdrückbolzen, und schrauben Sie dann den Abzieher aus der Kurbel.

5 Der am einfachsten zu verwendende Abzieher ist am Abdrückbolzen mit einem Hebel ausgerüstet und eignet sich so für den Einsatz unterwegs, wenn man im Bordwerkzeug keinen Platz für große Schraubenschlüssel hat. Allerdings sind die meisten Abdrückbolzen mit einem 15-mm-Sechskant ausgerüstet, sodass ein Pedalschlüssel angesetzt werden kann.

6 ISIS- und Octalink-Kurbelarme haben runde Hohlachsen und erfordern daher am Kurbelabzieher einen größeren Kopf – Park Tool-Abzieher eignen sich aufgrund mehrerer mitgelieferter Adapter für verschiedene Typen. ISIS-Achsen sind mit einer symmetrischen Keilverzahnung versehen, die nach jeder Demontage gereinigt werden sollte. Shimano Octalink-Keilnuten unterscheiden sich durch die Anzahl der Keile (8 statt 10) und deren Form vom ISIS-System.

7 Nachdem der Abzieher korrekt eingeschraubt ist, wird der Abdrückbolzen gegen die Tretlagerachse gedreht, um die Kurbel davon zu trennen. Achten Sie darauf, dass die Kurbel nicht samt den Kettenblättern auf den Boden fällt.

8 Manche Kurbeln sind mit »integrierten« Bolzen ausgerüstet, die über einen eingebauten Abzieher verfügen. Durch das Lösen des Befestigungsbolzens wird automatisch auch die Kurbel entfernt. Solche Teile finden sich an ISIS- und Octalink-Verbindungen, aber auch an anderen Shimano-Kurbelgarnituren.

9 Der Ausbau solcher mit »integrierten« Bolzen ausgerüsteten Kurbelarme erfordert lediglich einen 8-mm-Inbusschlüssel, sodass sich solche Systeme besonders für Leute empfehlen, die auf langen Strecken nicht viel Werkzeug mitführen wollen.

10 Kurbelbefestigungsbolzen müssen immer mit dem vorgeschriebenen Drehmoment angezogen werden. Der Anzug ist nach der ersten Fahrt zu kontrollieren, da sich der Bolzen durch die Pedalkräfte lockern kann.

Kettenblätter

Der Einbau von Kettenblättern ist sehr einfach, allerdings muss man die passende Größe für seine Kurbel beschaffen. Es gibt sie in unendlich vielen Lochkreisdurchmessern und einer Vielzahl von Herstellungsmethoden – gestanzt, CNC-gefräst und teilweise geschnitten und gefräst. Der Trend geht dahin, Rampen und Nieten einzubauen, um das Schalten zu erleichtern. Eine übliche Doppelblattgarnitur weist Zähnezahlen von 53 zu 39 auf, doch an den meisten Kurbeln sind auch alle möglichen anderen Kombinationen möglich.

Kettenblattgrößen

LKD steht für Lochkreisdurchmesser, und dieser Wert unterscheidet sich je nach Hersteller. Campagnolo benutzt einen LKD von 135 mm, sodass das kleinste Kettenblatt mindestens 39 Zähne haben muss. Shimano nimmt 130 mm, sodass beim kleinsten Blatt 38 Zähne benutzt werden können. Jede Firma hat ihren eigenen LKD; bei älteren Kurbeln und verschiedenen Bahnrennern können bis zu 144 mm erreicht werden. Die neuesten Kompaktkurbelgarnituren setzen auf 110 mm, sodass das innere Blatt lediglich 34 Zähne haben muss (mehr über Kettenblattgrößen bei Kompaktgarnituren auf Seite 167).

Kettenblattschrauben

Kettenblattschrauben bestehen aus Stahl, Aluminium oder Titan. Stahlschrauben sind preiswert und stabil, müssen allerdings hin und wieder geschmiert werden, damit sie nicht rosten – am besten installiert man sie mit Kupferpaste. Titanschrauben sind sehr leicht und sehr teuer, und auch sie benötigen etwas Aufmerksamkeit, wenn sie länger installiert bleiben, da die Kettenblätter korrodieren können. Aluminiumschrauben sind wirklich leicht, aber nicht sehr stabil, sodass sie abreißen können. Beim Einbau muss auf reichlich Kupferpaste oder Montagepaste sowie das korrekte Anzugsdrehmoment geachtet werden.

Kettenblattschrauben müssen schrittweise und über Kreuz angezogen werden, damit sich die Blätter nicht verziehen und die Schrauben nicht überdreht werden. Bei einer Dreifachkurbelgarnitur müssen die beiden Schraubenringe nacheinander auf diese Weise angezogen werden.

Montage von Kettenblättern

1 Alle Kettenblätter sind mit einem Pfeil ausgerüstet, der die korrekte Ausrichtung zur Kurbel anzeigt. Ein anderer Hinweis zur Orientierung des äußeren (großen) Kettenrades ist ein aus Aluminium bestehender Zacken, der die Kette daran hindern soll, zwischen der Kurbel und dem Kettenblatt eingeklemmt zu werden, falls sie überspringen sollte.

2 Das innere Kettenblatt kann ebenfalls eine Orientierungsmarke aufweisen – besonders wenn es sich um ein Dreifachkettenblatt handelt und der Ring Nuten oder Rampen aufweist, um der Kette das Wechseln der Blätter zu erleichtern. Üblicherweise sollten die an den Außenseiten beider Kettenblätter angebrachten Grafiken zueinander fluchten. Nachdem die Blätter korrekt ausgerichtet sind, werden sie mit einer Schraube verbunden.

3 Bei Campagnolo Record-Kettenblättern wird die erste Schraube direkt in die Kurbel gedreht – um den korrekten Abstand sicherzustellen, gibt es eine Hülse und eine Distanzscheibe, die unbedingt wiederverwendet werden müssen.

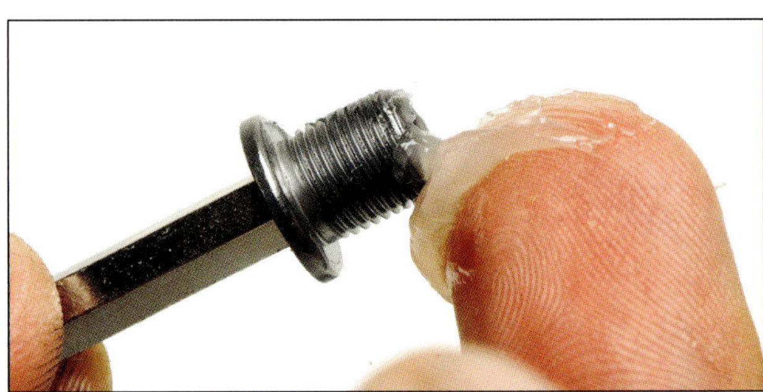

4 Die Schraubengewinde sollten mit etwas Fett oder Kupferpaste bestrichen werden – dies schützt nicht nur vor Korrosion, sondern hilft auch gegen das sonst nach einiger Zeit auftretende Knarzen.

5 Die meisten Kettenblattschrauben haben einen 5-mm-Inbuskopf und müssen mit 6 Nm (Aluminium) oder 10 Nm (Stahl) angezogen werden.

6 Bei neueren Campagnolo-Kettenblättern kommen Torx-Schrauben zum Einsatz, sodass ein passender Steckschlüsseleinsatz beschafft werden muss.

7 Die Muttern der Kettenblattschrauben können sich mitdrehen, sodass sie ggf. mit einem entsprechenden Werkzeug blockiert werden müssen.

Compact-Drive-Kurbelgarnituren

Kompaktkettenblätter können eine sehr sinnvolle Option für diejenigen sein, die ein Rennrad zum Trainieren und als Freizeitvergnügen einsetzen, aber nicht unbedingt Rennen fahren wollen. Tatsächlich werden heute viele Rennräder serienmäßig mit Compact-Drive-Kurbelgarnituren ausgeliefert, und dies ist für Fahrer, die mehr auf Komfort als auf Zehntelsekunden achten, ein willkommener Trend. Wenn es darum geht, die richtigen Gänge für Berge zu haben, kann ein Compact-Drive hier ohne zusätzliches Gewicht helfen.

Das System bewahrt die saubere Rennrad-Linie und lässt das Fahrrad nicht so unaufgeräumt wie ein Mountainbike mit Dreifachgarnitur aussehen. Einbau und Wartung von Compact-Drive-Kurbelgarnituren entsprechen dem »normaler« Garnituren, doch es gibt einige Dinge, die beachtet werden müssen. Was ist mit Rennen? Ja, auch Profi-Rennfahrer fahren manchmal Compact-Drive, etwa bei extremen Bergetappen des Giro d'Italia oder der Vuelta a España. Das Übersetzungsverhältnis erlaubt es den Fahrern, eine bequemere Trittfrequenz zu halten und länger im Sattel zu bleiben. Kompaktkettenblätter haben normalerweise die Größen 50/34 oder 50/36.

Ein Dreifachkettenblatt wiegt mehr als eine Doppelgarnitur. Campagnolo und Shimano bieten heute bei den Gruppen Record, Chorus, Dura Ace und Ultegra Dreifachgarnituren an, doch man muss selbst entscheiden, ob dies wirklich notwendig ist. Auch machen manche Rahmen bei Dreifachblättern Probleme, weil sie nur für zwei Kettenblätter konstruiert wurden. Der Einbau einer längeren Tretlagerachse ist möglich, kann aber die Kettenlinie stören, das Schalten erschweren und den gesamten Antrieb zusätzlich belasten. Besonders bei echten Renn-Rahmen mit beengten Verhältnissen sollte man daher auf Compact-Drive übergehen.

Kettenblattgrößen
Die neuesten Compact-Drivekurbelgarnituren für Rennräder haben einen LKD von 110 mm, sodass das kleine Kettenblatt mindestens 34 Zähne haben muss.

Gewichtsvergleich
Grob gesagt bringt eine Dreifachkurbelgarnitur etwa 200 Gramm mehr auf die Waage als eine klassische Zweifachgarnitur. Es gibt sehr viele Variablen, sodass ein genauer Vergleich schwer möglich ist, doch wiegt beispielsweise der neue Campagnolo Record Ultra Torque-Kompaktantrieb (mit zwei Kettenblättern) unter 750 g, während eine hochwertige Dreifachgarnitur samt Tretlager auf etwa ein Kilogramm kommt. Die Gewichtsersparnis von 250 g entspricht etwa der Masse der Vorderradnabe.

Übersetzung
Wie oft fahren Sie im letzten Gang mit 53 zu 12 Zähnen? Eine Übersetzung von 50:11 ist noch länger, und wer ein 50er-Außenblatt mit einem 36er-Innenkettenblatt und einem Zahnkranz mit 11 bis 25 Zähnen kombiniert, wird

Übersetzungsvergleiche (bei einem Zahnkranz mit 12 bis 25 Zähnen)	
Gemessen wird die Strecke, die das Fahrrad bei einer Kurbelumdrehung zurücklegt.	
Doppel-Kompakt mit 50 und 34 Zähnen	91 bis 278 cm
Doppel-»Standard« mit 53 und 39 Zähnen	107 bis 303 cm
Dreifach mit 52, 42 und 30 Zähnen	80 bis 289 cm

Anmerkung: Es darf nicht vergessen werden, dass ein Doppelkettenblatt mehr »nutzbare« Gänge hat als ein Dreifachblatt, da bei diesem die Kette nicht auf dem größten Kettenblatt und dem größten Ritzel bzw. dem kleinsten Kettenblatt und dem kleinsten Ritzel laufen darf; zudem gibt es mehr »doppelte Gänge« mit gleichen Übersetzungsverhältnissen. Allerdings sollten zwanzig Gänge auch genug sein …

damit sehr gut in der Lage sein, Berge sowohl herauf- als auch herunterzufahren. Tatsächlich reichen 50 zu 11 Zähne aus, um bei einer Kurbelumdrehung 302 cm weit zu kommen (bei 53 zu 12 Zähnen sind es »nur« 295 cm) – auf Seite 112 finden sich weitere Informationen zu Zahnkränzen und Übersetzungsverhältnissen.

Vorderumwerfer

Abgesprungene Ketten können beim Einsatz von Compact Drive-Systemen zu einem Problem werden. Ein normaler Vorderumwerfer ist mit einem größeren Schaltkäfig ausgerüstet, um mit einem Doppelkettenblatt der Größe 52/42 oder dem populären Maß 53/39 zurechtzukommen. Campagnolo hat einen speziellen Umwerfer mit der Bezeichnung CT, der so konstruiert ist, dass er die Kette auch auf einem kleineren Innenkettenblatt hält. Meistens sind die Gründe für eine überspringende Kette jedoch eine schlechte Kettenlinie oder nicht aufeinander abgestimmte Komponenten. Wer alles von einer Marke kauft und die Dinge nicht durch zu große Übersetzungsstufen kompliziert macht, bleibt auf der sicheren Seite.

Die Montage einer Auffangvorrichtung, wie sie unter dem Namen »Chain Watcher« bekannt ist, kann sehr nützlich sein. Es handelt sich hierbei um einen am Sattelrohr sitzenden Kunststoffhaken, der die Kette daran hindert, abzuspringen. Diese Vorrichtungen werden oft von Profi-Mechanikern eingesetzt, wenn gewaltige Übersetzungssprünge gefragt sind.

Schaltwerkkapazität

Der Hinterradumwerfer muss entsprechend des Übersetzungsverhältnisses eine gewisse Länge der Kette »aufnehmen« können. Die meisten Schaltprobleme beginnen, wenn die Kette umgeworfen werden soll und das Schaltwerk diese Länge nicht aufnehmen kann. Seine Kapazität kann folgendermaßen errechnet werden:

11-25-Zahnkranz $\qquad$ (25 – 11 = 14)
50/36-Kettenblätter $\quad$ (50 – 36 = 14)

Die beiden Werte addiert ergeben 28 – das hintere Schaltwerk muss also in der Lage sein, die Kette bis zu einer Differenz von 28 Gliedern unter Spannung zu halten. Je größer das Übersetzungsverhältnis, desto länger muss also der Schaltkäfig sein. Und daher erfordern Dreifachkettenblätter einen längeren Käfig, der mit dem großen Gesamtübersetzungsverhältnis zurechtkommt.

Shimano-Schaltwerke mit Kurzkäfig haben normalerweise eine Kapazität von 29 Zähnen, was bedeutet, dass man 50/36-Kettenblätter und einen 12-27-Zahnkranz fahren kann. Campagnolo-Kurzkäfige bewältigen 28 Zähne, sodass sie am besten zu 50/36-Kettenblättern und einem 12-25-Zahnkranz passen. Dies funktioniert auch bei engeren Abstufungen, sodass man rasch zu einem Zahnkranz mit Rennübersetzung (11-23) wechseln kann. Wer Campagnolo bevorzugt und schnell Zahnkränze wechseln will, sollte einen mittellangen Käfig einsetzen, der 30 Zähne bewältigt (Campagnolo bietet auch noch einen langen Käfig, der eine Kapazität von 39 Zähnen aufweist).

Tretlager

Hier werden die meisten Fehler gemacht. Es darf nicht irgendein Tretlager benutzt werden, das zum Fahrrad zu passen scheint, sondern nur das vom Hersteller der Kurbelgarnitur empfohlene (was leicht auf dessen Internetseiten herausgefunden werden kann) – im Zweifel muss ein professioneller Mechaniker gefragt werden. Heutige Tretlager erleichtern den Austausch von Kurbelgarnituren (Shimano Hollowtech und Campagnolo Ultra-Torque); beim Vorderumwerfer sind dabei nur kleinere Änderungen nötig.

Über die Abnutzung von Compact Drive-Antrieben gibt es unterschiedliche Meinungen. Viele Fahrer sagen, dass Ketten und Ritzel hier schneller verschleißen als bei einer Dreifachgarnitur. Teilweise liegt dies aber an einer falschen Komponenten-Kombination und einem Vorderumwerfer, der nicht zu den Kettenblättern passt. Es kann auch an einer zu kurzen Kette liegen oder an einer ungeeigneten Übersetzungskombination (z. B. großes Kettenblatt zu großem Ritzel). Ein vollständig kompatibler Antrieb (Kettenblätter, Kette, Zahnkranz sowie Umwerfer vorne und hinten) schützt vor solchem Ärger.

Montage von Kurbeln

Campagnolo Ultra-Torque

Ultra-Torque-Kurbeln sitzen auf einer in der Mitte verbundenen Innenlagerachse. Wie bei Shimano ist dies eine sehr einfache, aber dennoch stabile Lösung zur Fixierung der Kurbeln im Rahmen; zudem erlaubt sie die Verwendung von Achsen mit großen Durchmessern, um die Steifheit und damit die Wirksamkeit zu optimieren.

Die gesamte Einheit wird mit einer sogenannten Hirth-Verzahnung und einem einzelnen 10-mm-Bolzen mit Inbuskopf zusammengehalten, sodass die Montage und die Wartung äußerst einfach sind. Das Ultra-Torque-System passt sowohl in italienische Tretlagerrohre mit 69,2 bis 70,8 mm Breite wie auch in englische Lagerrohre der Größen 67,2 bis 68,8 mm. Liegt der Rahmen außerhalb dieser Vorgaben, muss er entweder entsprechend geplant oder mit Distanzscheiben ausgerüstet werden.

1 Zuerst werden die Lagerschalen in den Rahmen installiert – dies geschieht auf die gleiche Weise wie bei Shimano und erfordert den gleichen Spezialschlüssel. Ziehen Sie die Schalen mit 35 Nm an.

2 Schmieren Sie die Schalen mit dünnem Fett, damit die Kugeln nicht festgehen und sich kein Wasser im Lager sammelt.

3 Zuerst wird das Antriebsteil installiert. Das Lager ist ab Werk aufgepresst, kann aber nötigenfalls ersetzt werden.

4 Drücken Sie die Kurbelachse in das Tretlager, bis das Lager bündig zum Rand der Lagerschale sitzt.

5 Nachdem das Lager der Antriebsseite in Position gebracht ist, wird der Federring installiert, um es dort zu sichern. Wackeln Sie am Kurbelarm, um sicherzustellen, dass der Ring das Lager korrekt arretiert.

6 Richten Sie jetzt den linken Kurbelarm korrekt versetzt zum rechten aus – es ist möglich, die Kurbeln anders als um 180° versetzt zu montieren. Innerhalb des Tretlagers muss eine gewellte Unterlegscheibe über der Achse installiert sein.

7 Wie bei der Antriebsseite muss auch das linke Lager bündig zur Lagerschale sitzen und mit dem Gummiring abgedichtet sein.

8 Korrekt ausgerichtet sollte es sehr einfach sein, die beiden Kurbelhälften zusammenzuschieben.

9 Das Gewinde des Verbindungsbolzens wird mit etwas Fett geschmiert, bevor er von rechts eingesetzt und mit einem Steckschlüssel samt Verlängerung angezogen wird.

10 Ziehen Sie den Bolzen mit 42 Nm an. Um die Kurbeln wieder zu entfernen, wird einfach der Bolzen gelöst und die linke Kurbelhälfte abgezogen; dann wird der Federring entfernt, um die rechte Hälfte zu befreien.

SRAM/Truvatic-Kurbelgarnituren

2 Die Achse sitzt an der Kettenblattseite und wird durch beide Lagerschalen geführt. Die Bereiche, die mit den Schalen in Kontakt kommen, sollten dünn eingefettet werden.

1 SRAM setzt auf ein ähnliches System wie Shimano, doch mit Campagnolo besteht die Gemeinsamkeit, dass alles mit einem Bolzen zusammengehalten wird. Die Lagerschalen werden genauso und mit dem gleichen Werkzeug wie die der japanischen und italienischen Fabrikate installiert.

3 Die Achse wird einfach durch die Schalen geschoben und der Kurbelstern gegen das rechte Lager gedrückt.

4 Das linke Ende der Achse ist mit einer ISIS-Keilnut versehen, auf der die Kurbel gesichert werden muss.

5 Innerhalb des linken Carbonkurbelarms sitzt eine Aluminiumbuchse, die mit etwas Fett versehen werden sollte, um Korrosion zu vermeiden.

6 Der im Kurbelarm sitzende Bolzen sichert die Kurbel, wie er auch das gesamte System zusammenhält – sobald dieser Bolzen gelöst ist, können beide Kurbeln abgenommen werden.

Tretlager – Wartung und Montage

Tretlager gibt es in zahlreichen Längen, Durchmessern und Ausführungen. Es gibt Vierkantkurbelbefestigungen, ISIS, Octalink oder durchgehende Achsbolzen wie bei Campagnolo Ultra-Torque oder Shimano Hollowtech II (spezielle Informationen über Campagnolo Ultra-Torque finden sich auf den Seiten 169 und 170).

Frühere Versionen mit in Konuslagern laufenden losen oder käfiggeführten Lagerkugeln benötigen nach jeder Fahrt bei Nässe Aufmerksamkeit – und die Geduld eines Uhrmachers, um sie korrekt einzustellen. Seit einigen Jahren setzen sich allerdings die einteiligen Einheiten mit abgedichteten Lagern und einem wartungsfreundlichen Patronengehäuse durch, die problemlos spielfrei eingestellt werden können.

Alle Typen mit englischem Tretlagergewinde werden in das Tretlagerrohr des Rahmens geschraubt – dabei ist die rechte Lagerschale mit einem Linksgewinde ausgerüstet und die linke mit einem Rechtsgewinde.

Englisch oder italienisch?

Die Tretlagergewinde der meisten Rennräder sind »englisch« und mit »1.370 in x 24 TPI« oder ähnlich markiert. Manche – vor allem italienische – Rahmen sind mit »italienischem« Gewinde ausgerüstet (36 x 24 in) und haben einen etwas größeren Durchmesser als die englischen Gewinde. Italienische Gewinde sind an beiden Seiten Rechtsgewinde. Bevor man mit der Einstellung beginnt, müssen die Größe und der Typ der Tretlagerschale überprüft werden.

Die meisten Standardtretlager von Shimano sind abgedichtete Einmaleinheiten, die bei Verschleiß komplett erneuert werden müssen. Bei etwas teureren Tretlagern lassen sich jedoch die Lager so ähnlich separat ersetzen wie bei Laufradnaben (siehe hierzu Seiten 70 bis 72).

Vierkanttretlager

Kurbel-Vierkante sind an den Enden in zwei verschiedenen Winkeln konisch geschliffen, um einen präzisen und festen Sitz der mit Vierkantbohrungen versehenen Leichtmetallkurbeln sicherzustellen. Diese Standardtechnik sorgt für eine große Kontaktfläche an der Verbindung zwischen den Kurbeln und der Achse. Anmerkung: Beim Kauf eines neuen Tretlagers muss überprüft werden, ob dies exakt zu den Kurbeln passt. Die üblichen Gründe für knarzende Kurbeln sind neben eingedrungenem Schmutz ein inkompatibler Zusammenbau.

Octalink- und ISIS-Systeme verwenden übergroße Achsen mit Keilverzahnungen und sind weniger verdrehanfällig als Standard-Vierkante. Allerdings sind sie inzwischen durch die noch leichteren Durchgangsachsen mit noch größeren Durchmessern technisch überholt worden. Viele kleinere Marken setzen jedoch heute noch auf ISIS- und Octalink-Verbindungen und -Tretlager.

Die zentrale Buchse eines abgedichteten Tretlagers schützt die Lager vor durch die Rahmenrohre eindringendem Wasser und Schmutz. Gleichzeitig dient sie als exakte Distanzhülse, um die Lagerschalen und Lager in der korrekten Position zu halten; sie besteht üblicherweise aus Aluminium oder Kunststoff. In modernen Tretlagern sind Konterringe nicht unbedingt notwendig, da sie eine Standardbreite aufweisen.

Shimano Octalink

Standard-Vierkanttretlager von Campagnolo

Bolzen und Gewinde

Die Tretlagerachse ist an beiden Enden mit einem Innengewinde versehen, um die Kurbelarmbolzen aufzunehmen, die üblicherweise mit Kunststoffscheiben (zur Abdichtung des Abdrückergewindes) versehene Inbusschrauben sind. Andererseits gibt es auch unverlierbar integrierte Bolzen, die den Ausbau der Kurbeln während des Lösens der Achse ermöglichen. Ältere Kurbeln können mit normalen Sechskantschrauben versehen sein, die einen 14er- oder 15er-Schraubenschlüssel erforderlich machen.

Achsenlänge

Die Länge der Achse hängt von den verwendeten Kurbeln ab. Standard-Tretlagerachsen gibt es in zahlreichen Varianten von 103 bis 124 mm. Wenn das Tretlager ersetzt werden soll, muss die gleiche Länge benutzt werden. Kürzere Achsen können bedeuten, dass die Kettenblätter am Rahmen schleifen, während längere einem die Kettenlinie zerstören und die Schaltungsfunktion verschlechtern. Werden neue Kurbeln samt Tretlager benötigt, muss mithilfe der Herstellerangaben herausgefunden werden, welche Achsenlänge nötig ist, um die alte Einstellung zu erreichen.

Falls das Gewinde im Tretlagerrohr durch Oxidation oder Verkanten ruiniert ist, kann die Bohrung erweitert und mit einem größeren Gewinde versehen werden. Ein Rahmenbauer kann manchmal auch das alte Gewinde retten, doch sollte diese Arbeit wirklich qualifizierten Mechanikern überlassen werden, da ein zerstörtes Gewinde oft bedeutet, dass auch der Rahmen deutlich geschwächt ist.

Ungeachtet des verwendeten Antriebs bedeutet eine mangelnde Vorbereitung des Rahmens, dass das Tretlager nicht richtig sitzt. Es kann sich zwar gut drehen lassen, doch nach der Montage der Kurbelgarnitur und der Kette werden bei einem schlecht präpariertem Tretlager die Lager rasch verschleißen und die Kraft nur mit Verlusten übertragen.

Einbau von Standard-Tretlagern

1 Entscheidend sind die Vorbereitung des Lagersitzes und ein korrekt geschnittenes Gewinde. Die dazu benötigten Werkzeuge sind sehr teuer und erfordern eine erfahrene Hand, sodass man ohne große Vorkenntnisse die Arbeit besser von einer Fachwerkstatt erledigen lassen sollte. Vor dem Einbau muss sichergestellt sein, dass die Gewinde sauber sind und das Tretlagerrohr perfekt geplant ist.

2 Reinigen Sie die Gewindegänge mit einer alten Zahnbürste und einem starken Fettlöser. Entfernen Sie sämtlichen Rost, und trocknen Sie alles sorgfältig. Schmieren Sie die Gewinde mit einem guten und möglichst wasserfesten Fett ein – bei Titankomponenten sollte Kupferpaste verwendet werden. Manche Mechaniker benutzen bei italienischen Tretlagern Sicherungspaste (Loctite), damit sich die Lagerschalen nicht lockern – diese Verbindung kann allerdings nach längerer Zeit sehr schwer lösbar sein.

3 Das neue Tretlager wird an einer Seite teilbar sein – dies ist normalerweise links. Ziehen Sie das Lager ab, und installieren Sie das Tretlager von rechts in den Rahmen – hier befindet sich ein Linksgewinde, sodass es gegen den Uhrzeigersinn eingeschraubt werden muss.

4 Die linke Lagerschale hat ein Rechtsgewinde und keinen Flansch, sodass damit verschieden breite Lagersitze ausgeglichen werden können. Während das Lager im Uhrzeigersinn angezogen wird, gleitet es über die Tretlagerpatrone. Die meisten Shimano-Tretlager sind innen mit einer Fase versehen, sodass sie problemlos über die Patrone gleiten. Ziehen Sie das Lager so weit von Hand an, bis noch etwa ein Zentimeter Gewinde sichtbar ist. Wenn die Gewinde gut vorbereitet waren, sollte sich das Lager von Hand in seine Position drehen lassen. Drehen Sie es so hin, dass auf beiden Seiten etwa ein Zentimeter Gewinde sichtbar ist.

5 Shimano-Tretlager erfordern ein Spezialwerkzeug, das in die Ausschnitte der Lagerschale greift. Manche Lager sind mit mehreren Löchern ausgerüstet, in die ein Zapfenschlüssel angesetzt werden kann; zusätzlich sind sie mit einem Konterring ausgerüstet. Bei Versuchen, das Lager ohne das richtige Werkzeug anzuziehen, können das Lager und auch der Rahmen leicht beschädigt werden.

6 Campagnolo-Tretlager haben einen kleineren Ausschnittring, in den das gleiche Werkzeug wie für den Zahnkranz gesteckt werden kann. Ein verschlissenes oder falsch angesetztes Werkzeug kann die Schale leicht beschädigen.

Knarzendes Tretlager? Eine Schnell-Checkliste:

- Sind die Kurbeln fest montiert?
- Sitzen die Pedale fest und sind ihre Gewinde geschmiert?
- Sind die Kettenblattschrauben gefettet und fest angezogen?
- Kommt das Geräusch womöglich aus dem Sattel oder dessen Stütze?
- Sind Korrosion oder Wasser ins Tretlager eingedrungen?
- Sollte mal wieder alles zerlegt und mit frischem Fett versehen werden?
- Ersetzen Sie das Tretlager, schneiden Sie die Gewinde des Lagersitzes nach, und planen Sie das Tretlagerrohr (siehe Seiten 94 bis 96).

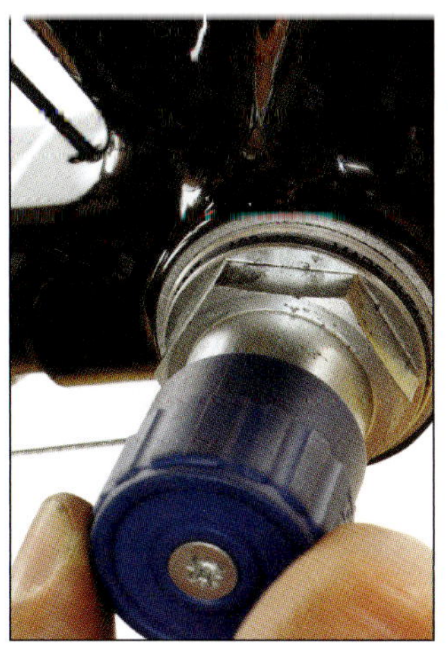

7 Das beste Werkzeug zum Ausbau von Campagnolo-Tretlagern ist eines, das in die Tretlagerachse geschraubt werden kann und sich dort selbst hält. Dies ist wesentlich sicherer und einfacher einzusetzen, wenn festsitzende Lagerschalen mit reichlich Druck gelöst werden müssen. Wird wie bei diesem Teil alles fest in Position gehalten, hat man freie Hand für die eigentliche Arbeit.

8 Als Nächstes wird das Tretlagerwerkzeug zum Einziehen der Baugruppe in den Rahmen verwendet. Zuerst muss der Bund an der Antriebsseite fest gegen den Rahmen gezogen sein – so wird sichergestellt, dass die Kurbelgarnitur in der richtigen Position sitzt, um eine gute Kettenlinie zu gewährleisten. Wenn der Flansch bündig zum Rahmen liegt, wird er sich nicht wieder lösen.

9 Nachdem die Antriebsseite angezogen ist, wird die linke Lagerschale eingeschraubt, und schließlich werden die Schalen beider Seiten mit 40 bis 50 Nm angezogen (beachten Sie die Herstellerempfehlungen). Nachdem überschüssiges Fett vom Rahmen und dem Tretlager entfernt ist, werden die Kurbeln montiert. Installieren Sie die Bowdenzugführung (falls ein anderer Tretlagertyp verwendet wurde, muss dessen Schraube ggf. gekürzt werden, damit sie nicht die Dichthülse beschädigt).

Der Aus- und Einbau von Kurbelgarnituren ist auf den Seiten 169 bis 171 beschrieben.

Pedale

Pedalhaken und Riemen gehören dankenswerterweise der Vergangenheit an, da sie bei zu festem Sitz äußerst gefährlich waren. Die meisten Rennradfahrer benutzen heute Klickpedale, die es in zahllosen Ausführungen gibt – die beliebtesten stammen von Look, Time, Speedplay und Shimano.

Das erste wirklich erfolgreiche Klickpedal-System wurde 1985 vom Ski-Hersteller Look vorgestellt, wo man erkannt hatte, dass bei einem erfolgreichen System der Schuh mit einer Klemme ausgerüstet sein muss, die in eine federbelastete Befestigung einrastet – so wie es bei der Skibindung der Fall ist.

Klickpedale bieten die beste Kraftübertragung, denn die dabei unter die Schuhsohle geschraubte Klemme erlaubt es, das Pedal sowohl durch Druck wie auch Zug zu belasten.

Montage von Pedalen

1 Zunächst muss bedacht werden, dass Pedale mit Rechts- und Linksgewinden ausgerüstet sind. Bei den meisten Systemen ist zur Identifizierung irgendwo auf der Achse ein »R« oder »L« eingeschlagen. Bei Shimano-Pedalen befindet sich der Buchstabe auf der Abflachung der Pedalspindel, an die der Maulschlüssel angesetzt wird.

2 Pedalgewinde müssen mit hochwertigem, wasserfestem Synthetikfett oder guter Montagepaste eingefettet sein. Regelmäßig gereinigte und gefettete Gewinde verhindern Kontaktkorrosion zwischen den aus Stahl bestehenden Pedalachsen und den aus Alu gefertigten Kurbeln. Achten Sie darauf, die Achsen beim Einschrauben nicht zu verkanten, das Kurbelgewinde ist empfindlich.

3 »L« und »R« stehen nicht nur für den Gewindetyp, sondern auch für die Einbau-seite des Pedals. Beide Pedale werden in der normalen Drehrichtung eingeschraubt. Am einfachsten geht dies, wenn man die Pedal-achse gegen den Kurbelarm hält und diesen rückwärtsdreht.

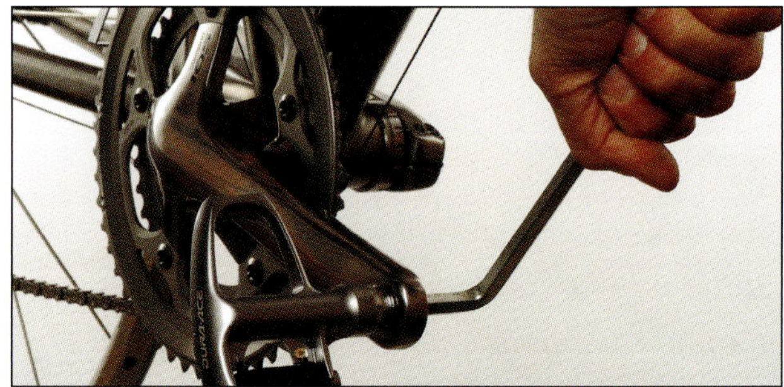

4 Manche Pedale sind innen mit Inbus-Befestigungen ausge-rüstet. Hier wird ein ausreichend langer Inbusschlüssel benötigt, um die gewünschte Hebelwirkung erzielen zu können.

5 Ziehen Sie die Pedale mit dem vom Kurbelarmhersteller vorgegebenen Drehmoment an. Halten Sie die andere Kurbel oder das Hinterrad, um den Kurbelarm zu kontern.

6 Um die Pedale zu entfernen, wird das Fahrrad am besten auf den Boden gestellt. Beide Pedale werden entgegen der normalen Trittrichtung gelöst; eventuell ist es hilfreich, die gegenüberliegende Kurbel festzuhalten.

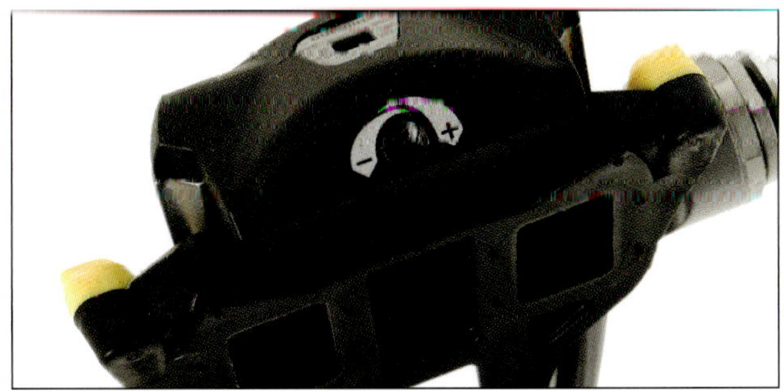

7 Falls Sie zum ersten Mal Klickpedale benutzen (und diese mit einer Federverstellung ausgerüstet sind), müssen die Federn so weit wie möglich entspannt werden, damit man anfangs die Arretierung leicht lösen kann, um den Fuß sicher befreien zu können. Nach ein paar Trainingstagen kann der Vorspanner etwas weiter angezogen werden.

8 Da Speedplay-Pedale auf beiden Seiten eine Klemmung sicherstellen, sind sie für Anfänger sehr gut geeignet, die das Pedal zum Einsteigen hier nicht erst umdrehen müssen. Der Federmechanismus befindet sich am Schuh.

Pedalplatten

Nachdem die Pedale installiert sind, können die Schuhe mit den entsprechenden Platten ausgerüstet werden. Die meisten Schuhe haben ein 3-Schrauben-System, das die Einstellung des richtigen Winkels erleichtert und eine solide Befestigung sicherstellt. Achten Sie darauf, dass die Schrauben die rich-

tige Länge haben und nicht in die Sohle drücken.

Achten Sie auf die Stellung Ihrer Füße. Die richtige Stellung ist eine ernsthafte Angelegenheit, und die meisten guten Fahrradausstatter empfehlen, dass man bei Problemen einen Podologen aufsucht, um mithilfe eines individuell angefertigten Fußbetts eine gute Stabilität und Ausrichtung der Füße für eine gute Kraftübertragung sicherzustellen. Die Pedalachse muss direkt unter dem Fußballen liegen, sodass man sich für die korrekte Einstellung genügend Zeit nehmen sollte.

Regelmäßiges Reinigen und Schmieren ist sehr wichtig. Sämtlicher Schmutz an den Platten muss entfernt werden, da er das Lösen der Verbindung zum Pedal verhindern kann. Das Herumlaufen mit Rennradschuhen lässt die Platten rasch verschleißen und ist wegen Rutschgefahr auch gefährlich. Für die meisten Pedalsysteme sind Gummikappen erhältlich, die sowohl den Halt auf rutschigem Boden wie auch ein langes Leben der Pedalplatten sicherstellen. Verschlissene Platten lassen sich leicht lösen und tun dies am liebsten, wenn man es am wenigsten erwartet – beispielsweise bei einem Sprint!

1 Bestimmen Sie die Position des Ballens über der Pedalachse, und markieren Sie diese seitlich am Schuh. Ziehen Sie jetzt eine Linie über die Sohle – hier muss die Platte sitzen. Entscheiden Sie mithilfe dieser Vorlage, welche Löcher zur Befestigung der Platten dienen sollen.

2 Präparieren Sie die Plattengewinde mit Kupferpaste, andernfalls würden die Schrauben ziemlich rasch rosten und festgehen. Im normalen Schraubenhandel sind geeignete Edelstahlschrauben erhältlich, die länger halten.

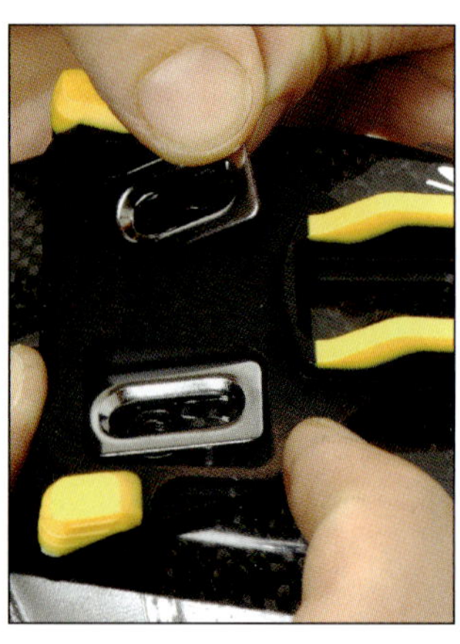

3 Die meisten Systeme sind mit Langlöchern ausgerüstet, die eine ausreichende Einstellung ermöglichen. Etwas Fett hilft beim Verschieben.

4 Ziehen Sie die Platten mit dem vorgegebenen Drehmoment an – durch einen zu festen Anzug reißen die Gewinde leicht aus, sodass der Sohleneinsatz erneuert werden müsste. Prüfen Sie regelmäßig die Festigkeit der Schrauben, da sie sich leicht lockern.

5 Die korrekte Position der Klemmen ist dort, wo der Ballen über der Pedalachse sitzt. Dies erfordert eine korrekte Messung und möglicherweise einige Versuche, um den richtigen Punkt zu treffen. Am besten lässt man sich bei dieser Arbeit von jemandem helfen, da die richtige Position nur gefunden werden kann, wenn der Schuh mit dem Pedal verbunden ist.

6 Speedplay-Klemmen sind mit vier Schrauben befestigt, und sie werden zusammen mit Adapterplatten für Dreilochschuhe ausgeliefert. Die Klemmen bilden den Federteil des Systems und müssen daher regelmäßig gereinigt und geschmiert werden (benutzen Sie nur sehr dünnes Öl). Die Klemmenschrauben sollten mit Loctite gesichert werden, da sie nicht allzu fest angezogen werden dürfen, um die Federn nicht zu blockieren.

7 Time-Pedale sind jetzt mit dem gleichen Dreiloch-System ausgerüstet wie die von Look und anderen Herstellern. Die Messing-Klemme schnappt in die Pedalbindung ein und muss sorgfältig sauber gehalten werden.

Tipps

- Knackgeräusche aus den Pedalen können durch verschlissene Klemmen oder trockene Pedalgewinde entstehen. Fetten Sie die Gewinde, und ersetzen Sie die Klemmen, bevor sie sich immer leichter lösen – dies ist nicht nur nervig, sondern kann auch gefährlich werden!
- Falls sich die Klemmen regelmäßig lockern, sollten die Schrauben mit Loctite eingesetzt werden. Dies gilt besonders für Kopfstein-Spezialisten.
- Die Klemmen verschleißen schneller auf der Seite, die auch bei einem kurzen Stopp gelöst wird. Wenn sie nicht speziell für den Betrieb auf der linken oder rechten Seite vorgesehen sind, sollten die Klemmen daher regelmäßig ausgetauscht werden.
- Manche Kurbeln, besonders solche aus Carbon, werden mit Pedalscheiben ausgeliefert, die bei Pedalen ohne einen abgerundeten Bund (üblich bei billigen Pedalen) verwendet werden müssen, da sich der Schlüsselflansch sonst in die Kurbel fressen und sie so beschädigen kann.
- Regelmäßiges Reinigen und Schmieren ist lebenswichtig. Verschmutzte Pedale lösen sich nur schwer vom Schuh und können vollständig festgehen. Mit Rennradschuhen sollte niemals durch Matsch oder über Gras gegangen werden, da das empfindliche Federsystem durch Schmutz blockieren kann.
- Unrund laufende Pedale und lockere Lager sind Hinweise auf eine verbogene Tretlagerachse. Nach einem Sturz kann die Achse ersetzt werden – die meisten Hersteller bieten ein umfangreiches Ersatzteilprogramm an.

11

Andere Fahrräder

Bahnräder – starre Nabe (Fixie)

Bahnrennmaschinen haben keine Bremsen, keinen Freilauf und keine Gangschaltung, sondern nur eine feste (»fixe«) Übersetzung zwischen dem Kettenblatt und dem Antriebsritzel.

Der größte Vorteil von Starrnaben liegt in der gewaltigen Kraftübertragung (einer der Gründe, warum sie von Zeitfahrern und bei speziellen Bergetappen verwendet werden). Nachdem man eine Zeit lang auf einem solchen Rad gefahren ist, wird die Trittbewegung sanfter (darum haben Bahnfahrer immer einen besonders »runden« Tritt), und nach ein paar Tausend Kilometern beginnt man, einen größeren Teil der Pedalumdrehung für die Kraftübertragung zu nutzen – der Tritt wird geschmeidiger. Die Benutzung eines dieser »Fixies« auf der Straße kann ebenfalls eine wunderbare Erfahrung sein – aber nur wenn die Umgebung dies zulässt und man schon einige Erfahrung hat; andernfalls kann es zu einer äußerst gefährlichen Angelegenheit werden. Am besten übt man zunächst auf einer abgesperrten Bahn (mehr zu Starrnaben- und Eingangrädern auf den Seiten 186/187).

Die Klettertechnik wird durch die Benutzung von starren Naben und Eingangrädern mit Freilauf insofern verbessert, dass man für den Anstieg keine anderen Übersetzungen zur Verfügung hat, in die man bequem schalten kann. Daher trainiert man gezwungenermaßen die Tritttechnik und übt, die bei der Abwärtsbewegung der Pedale eingesetzte Kraft bis in die Aufwärtsbewegung hinein zu erweitern und fließend in die Zugleistung übergehen zu lassen.

Für Rennen sind Bahnräder üblicherweise mit Übersetzungen ausgerüstet, die auf eine Kurbelumdrehung 226

oder 229 cm Weg bedeuten – mit anderen Worten: 49 zu 14 oder 50 zu 15 Zähnen. Dies hängt von unterschiedlichen Umständen ab, und erfahrene Bahnfahrer entscheiden anhand der Strecke, der Art des Rennens und ihrer Fitness, welche Übersetzung sie genau wählen. Es klingt zunächst verwirrend, doch das Übersetzungsverhältnis ist bei Bahnrennen der wichtigste Punkt. Top-Fahrer bringen zu Bahnrennen reichlich Werkzeug, Ritzel und Kettenblätter mit, um rasch die Übersetzung ändern zu können, wenn die Umstände dies erfordern.

1 Bei Eingangrädern sind die Vorder- und Hinterräder mit Muttern statt mit Schnellspannern gesichert, da diese die Kettenspannung besser halten können (während Schnellspannernaben verrutschen können). Außerdem sind Schnellspanner bei vielen Rennen verboten.

2 Die Ausfallenden bei Bahnrennern zeigen nach hinten, und sie liegen 120 mm auseinander (bei Rennrädern sind es 130 mm). Die so geformten Ausfallenden ermöglichen eine leichtere und einfachere Einstellung der Kettenspannung und erlauben viele unterschiedliche Übersetzungsmöglichkeiten.

3 Bei Eingangrädern sollte immer eine 1/8-Zoll-Kette verwendet werden (statt einer schmalen 3/32-Zoll-Kette für Schaltungen), deren korrekte Spannung regelmäßig geprüft werden muss. Kräftige Rennketten dieser Größe sind praktisch unzerstörbar.

4 Diese Kette ist mit einer Schraube und einer Mutter verbunden. Dies ist kein Problem, da die Kette sich an keinem Umwerfer oder Ritzel verhaken kann. Stattdessen lassen sich die Ketten so leicht ersetzen oder zum Reinigen ausbauen.

5 Die Kettenlinie und die korrekte Spannung sind alles entscheidende Punkte. Ein einzelnes Bahnsport-Kettenblatt, montiert auf einer speziellen Kurbel (von Miche, TA, Shimano, Campagnolo usw.), und ein passendes Tretlager sind die beste Kombination, um eine akkurate Kettenlinie hinzubekommen. Um die Kettenlinie perfekt zu machen, werden eine spezielle Bahnsport-Kurbel und ein passendes Tretlager wie diese Campagnolo-Teile benötigt.

6 Die Kette muss so ausgerichtet werden, dass das hintere Ritzel präzise zum Kettenblatt fluchtet. Besonders wenn man ohne Freilauf fährt, kann eine nicht perfekt gerade laufende Kette abspringen. Um die Kettenlinie einzustellen, wird entweder eine neue Tretlagerachse oder ein einstellbares Tretlager benötigt, das seitlich etwas verschoben werden kann.

7 Um das Rad ausbauen zu können, müssen die beiden Achsmuttern gelockert und das Rad nach vorne geschoben werden, damit sich die Kette vom Ritzel und dem Kettenblatt heben lässt. Hängen Sie die vom Ritzel genommene Kette wie gezeigt um die Sattelstrebe – jetzt lässt sich das Rad nach hinten aus dem Rahmen ziehen.

8 Nachdem das Rad wieder in die Ausfallenden geschoben ist, wird die Kette um das Kettenblatt und das Ritzel gelegt. Jetzt muss die korrekte Kettenspannung eingestellt werden. Wenn der Durchhang so groß wie hier gezeigt ist, muss das Rad weiter nach hinten gezogen werden.

9 Um den korrekten Durchhang einzustellen, wird das Rad an beiden Muttern nach hinten gezogen und diese werden zunächst handfest angezogen.

10 Nachdem sichergestellt ist, dass das Rad gerade im Rahmen sitzt, werden die Muttern mithilfe eines 15er-Schlüssels angezogen – zuerst die auf der Antriebsseite.

11 Das Rad muss eventuell erneut zentriert werden, nachdem zunächst die Mutter der Antriebsseite korrekt angezogen wurde. Direkt hinter dem Tretlager muss das Rad beidseitig den gleichen Abstand von den Kettenstreben haben, bevor auch die linke Mutter angezogen wird. Halten Sie das Laufrad beim Anziehen der Muttern fest in seiner Position.

12 Die Kette darf nicht wirklich »gespannt« sein, sondern muss etwas Durchhang aufweisen, damit ein leichter Lauf sichergestellt ist. Lockern Sie die Achsmuttern etwas, und wackeln Sie die Kette leicht auf und ab, wenn sie zu stramm läuft.

Wartung und Montage von Schraubritzeln

1 Eine starre Radnabe hat zwei Gewinde. Das größere Innengewinde für das Ritzel ist ein Rechtsgewinde und wird beim Fahren vom Pedal angezogen. Das etwas kleinere Konterringgewinde ist ein Linksgewinde, sodass das Ritzel sich beim Verzögern mithilfe der Pedale nicht lockert.

2 Benutzen Sie ein hochwertiges Ritzel – diejenigen von Campagnolo, Surly und Shimano sind zwar teuer, laufen allerdings auch perfekt rund. Die Investition lohnt sich, da billige, gestanzte Ritzel nicht immer genau zentrisch laufen und dadurch die Kette verschleißen kann.

3 Zur Demontage des Ritzels muss eine Kettenpeitsche mit einem langen Griff benutzt werden. Da das Ritzel durch die Kraftübertragung von der Kette angezogen wird, kann der Ausbau entsprechend schwierig werden.

4 Bevor ein neues Ritzel auf die Nabe geschraubt wird, muss es innen geschmiert werden. Ziehen Sie das Ritzel zunächst mit der Kettenpeitsche an.

5 Der über dem Ritzel sitzende Konterring hat ein Linksgewinde und muss mit einem passenden Hakenschlüssel angezogen werden.

6 Nachdem mit dem Fahrrad einige Runden auf der Bahn gedreht worden sind, wird das Ritzel fest auf der Nabe sitzen. Kontrollieren Sie jetzt, ob der Konterring noch fest gegen das Ritzel geschraubt ist – dies kann mit einem entsprechend schmalen Hakenschlüssel auch bei eingebautem Laufrad geschehen.

Andere Bahnmaschinen-Tipps

Kettenreinigung

Die Kette muss absolut sauber sein. Dies sorgt unter anderem beim Wechseln der Ritzel dafür, dass die Hände sauber bleiben. Benutzen Sie Kettenwachs statt eines dickflüssigen Öls, und halten Sie einen Lappen bereit, um alles abzuwischen.

Kurbelarmlänge

Bahnsport-Kurbeln sind üblicherweise 165 oder 170 mm lang. Auf engen und überhöhten Bahnen werden kürzere Kurbeln verwendet, damit die Pedale nicht den Boden berühren. Diese eignen sich auch besser, um bei kürzeren Übersetzungen entsprechend hohe Drehzahlen zu erreichen.

Reifenoptionen

Für Rennen sollten Schlauch- oder Sprint-Felgen benutzt werden, obwohl gute Drahtreifen und Schläuche für Trainingszwecke ausreichen – besonders auf Beton- oder Asphaltbahnen. Wer ernsthaft Bahnrennen fahren möchte, sollte besser Schlauchreifen verwenden – sie sind schneller als Drahtreifen, fahren mit sehr hohem Druck und springen auch bei einem Platten seltener von der Felge. Hierbei muss bedacht werden, dass Schlauchreifen für Bahnrennen besonders sorgfältig aufgeklebt sein müssen (mehr über die Montage von Schlauchreifen auf Seite 84).

Konterring

Manche routinierte Bahnfahrer lassen den Konterring am Hinterrad weg. Dies ermöglicht dem Ritzel, sich im Falle einer abspringenden und eingeklemmten Kette von der Nabe zu schrauben, sodass ein schwerer Unfall vielleicht verhindert werden kann. Solange jedoch der Kettendurchhang korrekt ist und die Kettenlinie stimmt, wird dies höchstwahrscheinlich nicht passieren. Für die Fahrt auf der Straße empfiehlt sich dies nicht, da sich bei längeren Gefällestrecken das Ritzel lösen kann.

Steifigkeit und Stabilität ist alles

Wer ernsthaft Bahnrennsport betreiben will, benötigt Produkte und Kontaktpunkte, die zuallererst steif und stabil sind. Lenker sollten aus Stahl bestehen, wenn man Sprinter ist, und Pedalsysteme müssen vor allem sicher sein (daher benutzen Sprinter immer noch Pedalhaken und Riemen). Auch Sattelstützen müssen solide sein, da sie bei einem Sprint einen Großteil des Drucks aushalten müssen.

Laufräder

Top-Bahnfahrer benutzen hinten Carbon-Scheibenräder und stabile Vierspeichen-Vorderräder. Sie wollen Laufräder, die sich nicht verwinden und die eine optimale Aerodynamik bieten. Langstreckenfahrer mögen leichte Komponenten zwar auch, setzen jedoch vor allem auf Zuverlässigkeit.

Wintertraining mit Eingangrädern

Von Oktober bis Januar Eingangräder zu fahren hat verschiedene Vorteile:

- Man braucht sein Fahrrad nicht so oft zu reinigen.
- Man kann wieder üben, wie eine Übersetzung optimal gefahren werden kann.
- Man hat eine Entschuldigung für seine Langsamkeit.
- Man lernt, wie sehr ein Gang beim Beschleunigen oder im Sprint ausgedreht werden kann.

Für das Rennrad ist der Winter wirklich hart. Die Schaltung und die Bremsen müssen regelmäßig gereinigt werden, und wer sein Rad oft für den Weg zur Arbeit einsetzt, muss mit sehr hohem Verschleiß an Kette und Zahnkranz rechnen. Wie schnell möchten Sie im Winter überhaupt fahren?

Starre Naben können bei Fahrten im Regen oder auf rutschigen Böden eine neue Dimension erschließen sowie eine bessere Balance und Tempokontrolle bieten als Räder mit Freilauf – dies ist auch einer der Gründe, warum man ein solches Fahrrad einmal auf Schnee und Eis bewegen sollte.

Wintertrainer und Stadträder

Leider sind handelsübliche Eingangräder nur selten mit Aufnahmen für Schutzbleche, Gepäckträger und Flaschenhalter ausgerüstet, doch es gibt Hersteller, die so etwas individuell anfertigen. Reine Bahnrennmaschinen sind für die Straße etwas zu nervös, zudem hat man weder Platz für Bremsen noch für Schutzblechte. Das Hauptproblem bei Bahnrennern ist jedoch, dass sie für längere Etappen einfach zu unbequem sind.

Altrahmenumbau auf Eingangrad

Wer einen alten Rennradrahmen aus Stahl im Keller liegen hat, sollte eine Renovierung und Reaktivierung als Eingangrad für die Straße in Betracht ziehen. Dies kann teuer werden, doch wenn das Fahrrad in einem guten Zustand ist und aus hochwertigem Material (also Reynolds 531 etc.) besteht, kann dies eine echte Alternative zum Neukauf darstellen.

Mehrere Rahmenbauer bieten diesen Service, doch manchmal lässt sich für den Preis einer Reparatur auch ein neuer Rahmen samt Gabel anschaffen. Beim Fahren einer starren Nabe auf der Straße muss unbedingt sichergestellt sein, dass der Schuh in Kurven nicht mit dem Vorderrad in Kontakt kommt.

Die Einstellung des Kettendurchhangs ist ebenfalls wichtig, und der Grund, warum vertikale Ausfallenden bei Eingangrädern nicht so gut funktionieren, liegt darin, dass sich das Rad nicht vor und zurück bewegen lässt. Zwar lassen sich einfache Spannvorrichtungen am Schaltauge anbringen, die auch gut funktionieren, doch fürs Auge sind sie nichts.

Falls der Rahmen mit den normalen, nach vorne offenen Ausfallenden ausgerüstet ist, sollte daraus kein Eingangrad mit starrer Nabe aufgebaut werden, denn die Verdrehkraft verbunden mit ständigem Beschleunigen und Verzögern kann etwas schwach ausgebildete Radaufnahmen brechen lassen. Ein feines Eingangrad mit Freilauf lässt sich daraus immer noch bauen.

Im Idealfall sollte man sich einen Rahmen mit einem nach hinten offenen Bahnrad-Ausfallende und einem Abstand von 120 mm zwischen den Enden besorgen. Man kann sich einen Starrnaben-Konverter für 130 mm breite Shimano-Rennradnaben kaufen (Fixxer genannt) oder – falls ein Freilauf gewünscht ist – einen Eingang-Konverter, der es ermöglicht, ein einzelnes Ritzel von einem alten Shimano- oder Campagnolo-Zahnkranz zu benutzen und zusammen mit Distanzhülsen auf eine Acht- oder Neungangfreilaufnabe zu montieren.

Pedalüberschneidung und Tretlagerhöhe

Um die bei einer Starrnabe nötigen konstanten Trittbewegungen dem Straßenbetrieb anpassen zu können, muss der Rahmen ein hohes Tretlager und ausreichend Abstand zwischen den Füßen und dem Vorderrad aufweisen.

Diese Merkmale sollten im Hinblick auf die Sicherheit in engen Kurven unbedingt in Betracht gezogen werden – dies gilt ganz besonders, wenn noch Kotflügel montiert werden sollen.

Welche Übersetzung für die Straße?

Wer im Flachland wohnt, benutzt 42 x 16 Zähne; in hügeligem Gelände werden 42 x 18 Zähne eingesetzt. Manche Leute nehmen größere Ritzel, doch es macht in der Ebene wirklich keinen großen Unterschied – man kann mit 42 x 18 Zähnen leicht mit 32 bis 35 km/h Reisetempo fahren – allerdings geht die Drehzahl dabei etwas nach oben (siehe unten). Solange man mit starren Naben noch nicht viel Erfahrungen gemacht hat, sollte zunächst ein Eingangrad mit Freilauf benutzt werden. Sicherlich sollte jeder einmal starre Eingangräder ausprobiert haben; ich persönlich nutze sie allerdings eher selten (meine übliche Sonntagsausfahrt ist immer zu lang dafür). Größere Ritzel sorgen für einen besseren Halt der Kette; zudem scheinen sie nicht so rasch zu verschleißen. 44 x 18 oder 46 x 19 sind ebenfalls gute Kombinationen für flache Strecken.

Umdrehungen pro Minute

200 U/min waren das Höchste, was ich jemals gesehen habe – mit einer 38 x 16-Kombination bergab. Absolut verrückt! Normalerweise fährt man mit 90 bis 100 U/min, und zunächst fühlt man sich dabei etwas untersetzt. Bleibt man jedoch dabei, wird es mit der Zeit immer besser. Am Ende hat man die Dellen in seiner Kraftentfaltung ausgebügelt und einen geschmeidig-runden Tritt entwickelt.

Freilauf

Ein Eingangrad mit Freilauf mag für manche Hardcore-Fixxer eine echte Weichei-Option sein, doch ein solches Modell hat alle Vorteile eines Eingangrades und ermöglicht es, Berge einfach hinunterzurollen. Dies ist besonders wichtig, wenn man mit einer Gruppe im Gebirge trainiert und die anderen nicht ständig Lust haben, unten auf einen zu warten.

Starr/Freilaufnaben

Manche Starrnaben können auf beiden Seiten mit Ritzeln ausgerüstet werden – auf der einen Seite starr (fixiert) und auf der anderen mit Freilauf. So kann das Rad einfach ausgebaut und umgedreht werden, um in den Bergen oder in der Gruppe fahren zu können.

Doppel-Kurbelgarnituren

Man kann bei einem Doppelkettenblatt die Schrauben gegen kürzere tauschen und das äußere Kettenblatt weglassen. Dies mag etwas nach Pfusch aussehen, da man nun nur mit dem inneren Kettenblatt weiterfährt, doch es kann eine korrekte Kettenlinie sicherstellen.

Cyclo-Cross

Jeden Winter holen Hunderte Rennfahrer ihre vernachlässigten Crossräder aus dem Keller und fahren damit Querfeldein. Crossräder sind hervorragende Zweiträder, da sie den Rest des Jahres sowohl für den Weg zur Arbeit wie auch fürs Training eingesetzt werden können.

Die wesentlichen Unterschiede zwischen einem Crossbike und einem Rennrad sind folgende:

- Dickere Geländereifen oder Schlauchreifen.
- Cantilever-Bremsen, um mehr Platz für den Reifen zu bekommen.
- Mehr Platz für die Räder in Rahmen und Gabel.
- Ein längerer Radstand und mehr Nachlauf für höhere Stabilität.
- Ein höheres Tretlager, um Hürden und Hindernisse besser überwinden zu können.
- SPD-Mountainbike-Pedale und -Schuhe, um im schweren Gelände und an steilen Bergen das Rad schieben oder tragen zu können.

Ein stabiler, leichter und gut gemachter Rahmen ist wesentlich wichtiger als exzellente Komponenten, deren Vorteile im Schlamm nur noch rein akademisch sind. Laufräder und Reifen spielen beim Erfolg ebenfalls eine nicht unbeträchtliche Rolle.

Wahl der Laufräder

Dies hängt von der Strecke ab, aber auch davon, ob trainiert oder ein Rennen gefahren werden soll. Profis, die sehr schnell durch Schlamm und Sand fahren, bevorzugen tief profilierte Felgen, da diese nicht bis über die Speichennippel darin versinken und den Matsch leichter wieder abschleudern. Die meisten Straßenlaufräder eignen sich von der Stabilität her auch für Geländerennen, doch man muss sich darüber im Klaren sein, dass der Matsch und dauerndes Waschen die Lager und den Freilaufmechanismus angreifen – heben Sie also die besten Räder für die wichtigsten Rennen auf.

Die Rennstrecken

Bei Cross-Rennen sind ein Ersatzfahrrad und Ersatzlaufräder zugelassen, sodass platte Reifen geflickt und ein beschädigtes oder verschmutztes Rad getauscht werden können. Ein sauberes Fahrrad ist im Matsch ein großer Vorteil, und die meisten routinierten Cross-Mechaniker sind in der Lage, ein Rad binnen Minuten vorzubereiten und zu reinigen, sodass die Maschine wieder bereit steht, wenn der Fahrer zur nächsten Runde antritt. Selbst wenn man keinen willigen Helfer hat, ist ein Satz Ersatz-Laufräder eine gute Idee, damit man auch nach einem Plattfuß weitermachen kann.

Einfachheit zählt

Es besteht immer die Versuchung, ein Cross-Bike so leicht wie möglich zu machen, damit es sich besser tragen lässt. Carbongabeln sind gewöhnlich recht zuverlässig, doch um billige Kohlefaserteile sollte man einen großen Bogen machen – dies gilt auch und besonders für Sattelstützen (mehr über Carbon auf Seite 9). Die Verwendung leichter Teile kann die Kontrolle auf schwierigen Abfahrten erschweren, wo ein schweres und stämmiges Rad Unebenheiten besser absorbiert – also sollte man hier besser ganz auf Carbon verzichten.

Reifenwahl und Luftdruck

Die Zuverlässigkeit der Reifen hat einen großen Einfluss auf das Rennergebnis. Niedriger Reifendruck sorgt für viel Grip und ist auf sandigen Kursen sehr wichtig, doch der sichere Einsatz von wenig Druck ist nur bei Schlauchreifen wirklich möglich. Abzuwägen ist der Einsatz von Schlauchreifen auf matschigen und anspruchsvolleren Kursen, wo Plattfüße weniger wahrscheinlich sind.

Schlauch- oder Drachtreifen

Bei Rennen bieten Schlauchreifen eine etwas bessere Radkontrolle und sind weniger pannenanfällig als Standardreifen; allerdings sind sie nicht so benutzerfreundlich wie diese und müssen regelmäßig erneuert werden.

Schaltung, Bremsen und Bowdenzüge

1 Mithilfe von Kompaktkurbelgarnituren sind die richtigen Übersetzungsverhältnisse heute leicht hinzubekommen (siehe Seite 167). Viele Fahrer benutzen ein einzelnes Kettenblatt, damit ihre Kette nicht abspringt, und setzen dafür hinten auf eine weitere Spreizung des Zahnkranzes.

2 Die Bremszugverlegung für Cantileverbremsen ist nicht immer einfach. Nach verschiedenen Versuchen haben sich solche an die Gabelschaft-Distanzringe montierten Halter als beste Lösung für die Vorderradbremse erwiesen.

3 Bei der Hinterradbremse kann eine Sattelstützenklemme ein gutes Widerlager für die Bremszughülle bieten, sodass das hintere Rahmendreieck frei von Schmutz aufsammelnden Vorrichtungen bleibt.

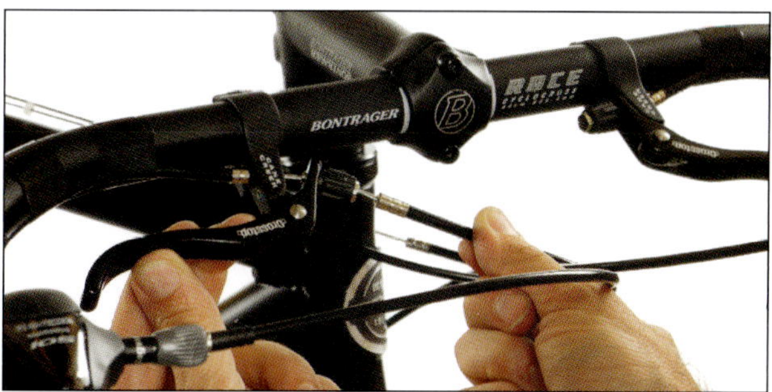

4 Oberrohr-Bremsen sind bei Cross-Bikes sehr populär, da diese auch betätigt werden können, wenn der Fahrer aufrecht sitzt und die normalen Bremshebel nicht erreicht.

5 Diese sogenannten Cross-Top-Bremsen werden in den vorhandenen Bremszug gesetzt, und der Hebel drückt quasi die Bremszughülle auseinander, um die Bremse zu betätigen. Solche Bremsen wiegen nicht viel, bieten aber in anspruchsvollen Sektionen eine wesentlich bessere Kontrolle.

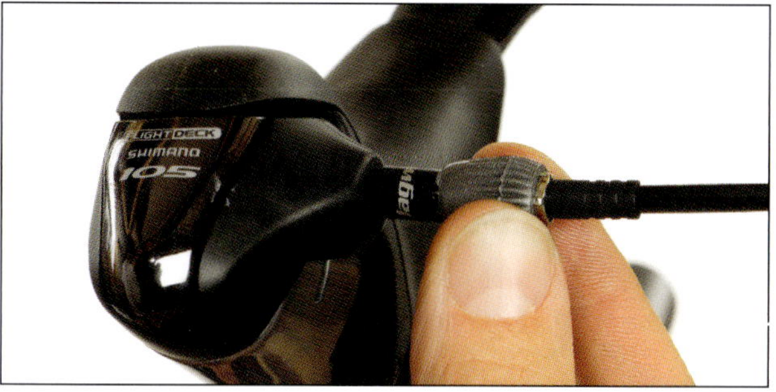

6 Die Montage von Schaltzugeinstellern am Hebel ist eine gute Idee, da hiermit Einstellungen während der Fahrt vorgenommen werden können. Die meisten Cyclo-Cross-Räder sind zudem nicht wie Straßenrennräder mit rahmenfesten Schaltzugeinstellern ausgerüstet.

7 Solche Einsteller können auch in den auf dem Rahmenoberrohr verlaufenden Bowdenzug eingesetzt werden – dieses Modell ist sehr leicht zu montieren und kann sogar mit Winterhandschuhen einfach bedient werden.

8 Wichtig ist die Auswahl der Bremsen. Normale MTB-Bremsen sind nicht ideal, da sie für MTB-Bremshebel ausgelegt sind. Cyclo-Cross-Bremsen sind am besten, wenn sie ausreichend Hebelwirkung erzeugen und genug Platz für die Reifen bieten – die Bremswirkung ist im Gelände nicht die oberste Priorität. Diese Avid-Bremsen haben V-Bremsen-ähnliche Beläge, deren Winkel so eingestellt werden kann, dass eine Art Servowirkung eintritt.

9 Viele Serienbremsen haben eine Standardzuglänge, die zwar gut funktioniert, aber für akkurate Einstellungen und gute Bremswirkung nicht perfekt ist. Zudem liegen die Züge oft sehr nahe am Reifen, sodass sich Schmutz leicht darin verfangen kann.

10 Benutzen Sie einen Standardkabelhänger mit einem separaten Querkabel, da sich hiermit der Abstand zum Reifen vergrößern und das Bremsgefühl einstellen lässt. Zudem ermöglicht diese Aufnahme, die Bremse für den Ausbau des Rades vollständig zu lösen.

11 Um das Rad ausbauen zu können, muss das Querkabel an einem der Bremsbelaghebel ausgehängt werden, während man die Beläge zusammendrückt.

12 Nach Aushängen des Zuges klappen beide Seiten der Bremse nach außen, sodass jeder Reifen leicht hindurchpasst.

13 Die meisten Cantilever-Bremsen sind ziemlich einfach aufgebaut, doch inzwischen gibt es immer mehr Bremsen mit zusätzlichen Einstellmöglichkeiten. Diese Avid-Bremse hat einen Vorspannungseinsteller, der das Zentrieren der Bremse verbessert und das Gefühl am Bremshebel verändern kann.

14 Zur Einstellung wird ein Inbusschlüssel benötigt; die Beläge müssen dabei perfekt mit der Felge fluchten. Das Anziehen der Einstellschraube erhöht auch die Federvorspannung, mit der die Beläge wieder von der Felge weggedrückt werden – und damit auch die einzusetzende Kraft am Bremshebel.

Zeitfahr- und Triathlon-Räder

Wenn man das Zeitfahren ernsthaft betreiben möchte, muss ein spezielles Zeitfahrrad her. Die Unterschiede zwischen einem normalen Rennrad und einer Zeitfahrmaschine sind nicht nur aerodynamischer Natur. Ein Zeitfahrrad hat steiler stehende Steuer- und Sattelrohre, damit der Fahrer weiter nach vorne und in eine kraftvollere Trittposition kommt. Der Rahmen kann flacher sein, damit der Fahrer sich vorne tiefer bücken kann. Der Radstand ist kürzer, und als Gesamtergebnis ist das Fahrrad handlicher und reaktionsschneller. Ein Zeitfahrrad kann etwas schwerer sein als ein Rennrad, da es oft mit zahlreichen Extras ausgerüstet ist.

Ein Triathlonrad ähnelt stark einem Zeitfahrrad, allerdings wird für Ironman- und lange Bergrennen eine aufrechte und etwas mehr Rennrad-inspirierte Sitzposition bevorzugt. Die Schaltung ist der Strecke angepasst.

Es geht nicht nur darum, die Front so niedrig wie möglich hinzubekommen. Chris Boardmans Zeitfahrrad war in eine solch extreme Position gebracht worden, dass Fahrer mit einer ähnlichen Statur sich nicht länger als zehn Minuten darauf halten konnten, während Chris in dieser seltsamen geduckten Haltung stundenlang problemlos fährt. Nicht alle können dies. Wenn man seine Position mit der von Miguel Indurain oder Lance Armstrong vergleicht, wird sichtbar, dass diese beiden ebenfalls überragenden Zeitfahrer zwar nicht seine geduckte Haltung einnehmen, aber genauso schnell fahren können, weil sie mehr Kraft durch eine effizientere Sitzposition übertragen können.

Triathlon- oder Aero-Lenker ermöglichen dem Fahrer, in die möglichst windschlüpfige Zeitfahr-Position zu gehen. Diese Lenker kamen erstmals beim RAAM (Race Across America) auf und wurden ursprünglich tatsächlich zur Erhöhung des Komforts eingesetzt, da die Fahrer die Arme in die Armstütze legen und trotzdem lenken konnten. Doch das Ergebnis war nicht nur komfortabel, sondern auch sehr aerodynamisch. Triathleten übernahmen die RAAM-Position mit großem Erfolg, und schließlich erreichten die Anbauten den Mainstream-Radsport, als

Greg LeMond am letzten Tag der Tour de France 1989 mithilfe eines Tria-Vorbaus einen dramatischen Sieg gegen Laurent Fignon (mit einem Standardrennrad) mit nur acht Sekunden Vorsprung errang – dem engsten Ergebnis aller Frankreich-Rundfahrten.

Einrichtung des Lenkers und des Triathlon-Anbaus

1 Natürlich gibt es Begrenzungen bei der Höhe des Anbaus, und die Höhen von Triathlon-Lenkern und -Rasten sind oft äußerst extrem. Allerdings können zu lange Lenker in Kurven hinderlich sein, und wenn die Schalthebel an die Lenkerenden gebaut werden sollen, wird man vielleicht herausfinden, dass man sich reichlich strecken muss. Die Arm- und die Oberkörperlänge spielen ebenso eine Rolle wie die Körpergröße und die Beinlänge.

2 Die meisten Vorbauten erlauben nur geringe Verstellungen, aber wenn ein alter Rennradrahmen zu einer Zeitfahrmaschine umgebaut werden soll, kann die Front zu hoch liegen. Einstellbare Vorbauten sind eine gute Möglichkeit, die Front niedriger zu bekommen und die aerodynamischen Vorteile ausnutzen zu können.

3 Mit zu niedrig angebrachten Lenkern wird man mit zunehmender Streckenlänge immer stärkere Nacken- und Rückenschmerzen bekommen, sodass über eine höhere Position nachgedacht werden sollte, wenn die Strecke über mehr als 80 Kilometer geht. Verwenden Sie Lenkerkomponenten, die zunächst viele Einstellmöglichkeiten bieten, damit Sie sich an Ihre bevorzugte Sitzhaltung herantasten können.

Andere Komponenten

Engere Übersetzungsabstufungen sind heutzutage kein Problem mehr, da Zehngangzahnkränze eine große Vielfalt bieten. Profifahrer benutzen meistens ein großes Kettenblatt mit 54 oder gar 55 Zähnen und ein kleines mit 48 oder 50 Zähnen, sodass die Abstufung sehr eng ist, aber dennoch die hohen Gänge für schnelle Fahrten beibehalten bleiben.

Spezielle Laufräder sind bei allen Top-Zeitfahrern eine Obsession. Solange man nicht über 40 km/h Durchschnittstempo fährt, sind Scheibenräder oder tief profilierte Aero-Räder lediglich ein teures Hobby. Reifen können einen größeren Unterschied ausmachen, sodass die Wahl auf komfortable, aber dennoch schnelle Pneus fallen sollte, die durch verringerten Rollwiderstand ein höheres Tempo erlauben.

Bei professionellen Zeitfahrmaschinen sitzen die Bremshebel an den vorderen Lenkerenden. Sie sind aerodynamisch geformt und bieten adäquate Bremsleistungen (besonders wenn man versucht, das Bremsen zu vermeiden, um sein Tempo nicht zu verringern!).

Bei der Sattelhöhe war die populäre Meinung immer, dass ein Zeitfahrer höher sitzen soll als ein normaler Rennradfahrer, doch jüngere Forschungsergebnisse haben belegt, dass genau das Gegenteil der Fall ist. Indem man sich aus der üblichen Rennradposition weiter herunter und dadurch nach vorne beugt, neigt man auch seine Hüfte weiter nach vorne. Manchmal wird ein um bis zu zwei Zentimeter niedriger angebrachter Sattel benötigt, um in der geduckten Zeitfahrposition die gleiche Beinleistung zu erzeugen.

Montage von Schutzblechen

Egal welches Fahrrad man im Winter fahren will – Schutzbleche sind auf jeden Fall eine großartige Idee (denn selbst wer auf jedes Gramm achtet, muss die immer dicker werdende Dreckschicht am Fahrrad und auf dem Trikot mitrechnen). Bei nassem Winterwetter mit Schutzblechen zu fahren, bedeutet, dass der Rücken und die Füße trocken bleiben und der Komfort nicht beeinträchtigt wird. Der Anbau kann etwas fummelig sein, besonders wenn das Hinterrad nur wenig Platz im Rahmen hat.

Heute sind für Rennrahmen kürzere Schutzbleche erhältlich, die zwar einen gewissen Nässeschutz bieten, aber eben nicht alles abdecken. Wer also in Nordeuropa bei jedem Wetter fahren will, kommt um richtige Schutzbleche nicht herum.

Vorsicht ist auch geboten bei steil stehenden Renngabeln, die nicht für Schutzbleche geeignet sind. Prüfen Sie immer nach, ob sich die Füße und das Schutzblech in keiner Position berühren können.

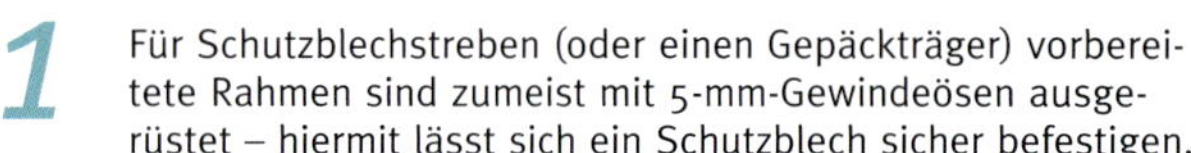

1 Für Schutzblechstreben (oder einen Gepäckträger) vorbereitete Rahmen sind zumeist mit 5-mm-Gewindeösen ausgerüstet – hiermit lässt sich ein Schutzblech sicher befestigen.

2 Befestigen Sie die Strebe mithilfe einer Edelstahlschraube und einer Scheibe am Ausfallende. Die Schraube darf den Zahnkranz oder die Kette nicht behindern, und die Scheibe sorgt dafür, dass die Strebenöse beim Anziehen der Schraube nicht auseinandergedrückt wird.

3 Vorderradschutzbleche werden mit solchen Clips geliefert, in denen die Streben einrasten und im Notfall herausbrechen können, bevor das Schutzblech das Rad blockiert und einen bösen Unfall herbeiführt.

4 Falls die Gabel nicht mit Gewindeösen ausgerüstet ist, können diese mit Kunststoff beschichteten Schellen verwendet werden. Diese Teile eignen sich auch dazu, Gepäckträger am Heck an vier Punkten zu befestigen.

5 Das Vorderradschutzblech hat eine Lasche, die es an der Bremsenbefestigung sichert; diese ist mit einem Langloch versehen, damit die Höhe über dem Reifen korrekt eingestellt werden kann.

6 Falls der Rahmen unten an der Bremsenbrücke nicht mit einer Gewindebohrung versehen ist, kann das hintere Schutzblech mit dieser Klemme an der Bremsenbefestigung gesichert werden (die Klemme sollte immer beigefügt sein).

8 Die Befestigung des Schutzblechs an der Bremsenbrücke sollte möglichst mit einer in diese gedrehten Schraube erfolgen; von daher sind viele Rahmen mit einer Gewindebohrung ausgerüstet.

7 Nachdem das Schutzblech durch diese Klemme geführt ist und in der Stegplatte gesichert wurde, kann die Klemme mit einer Spitzzange umgebogen werden.

9 Hier wird das Schutzblech von einer flachen Inbusschraube an der Bremsenbrücke gesichert, damit es nicht während der Fahrt am Reifen schleift.

10 Bei manchen Rahmen sitzen die Schutzblechbefestigungen am Sattelrohr, was bei besonders kurzen Radständen oder bei Carbonrahmen sehr sinnvoll sein kann, die keine Stegplatte hinter dem Tretlager aufweisen.

11 Die meisten rahmenfesten Schutzbleche werden an der hinter dem Tretlager zwischen den Kettenstreben sitzenden Stegplatte montiert. Diese hat genau wie die Bremsenbrücke eine Gewindebohrung.

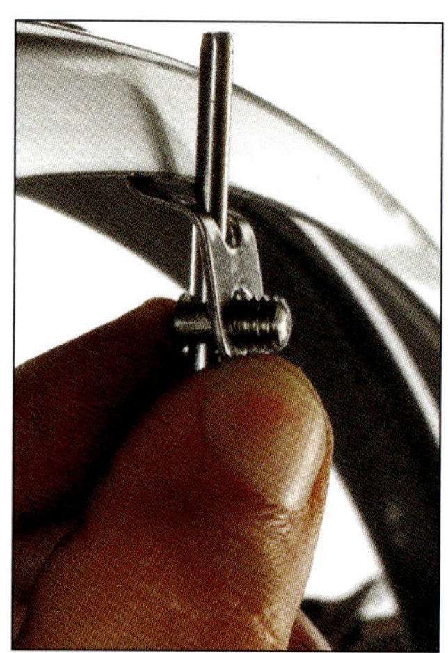

12 Die Streben sind mithilfe einer mit einem Loch versehenen Schraube am Schutzblech montiert. Nachdem die Strebe durch das Loch geführt wurde, klemmt man die Schraube mit einer 8-mm-Mutter fest.

13 Zunächst werden alle Muttern nur handfest angezogen, damit die Höhe des Schutzbleches noch eingestellt werden kann. Danach festziehen. Die Streben dürfen nicht gebogen werden, um das Schutzblech zu zentrieren – dies geht nach dem Lösen der Klemmmuttern wesentlich einfacher.

14 Zum Schluss werden die Enden der Streben mit Kunststoffkappen versehen, damit man sich nicht versehentlich die Hose oder gar das Bein daran aufreißt.

Register

Abgedichtete Lager – *siehe* Industrielager
Advokaten-Laschen 30
Aheadsets 24, 96–100, 104
Aluminium 9–10, 147
Audax 2
Ausrichtung – Rahmen 91–94

Bahnrenner 3, 26, 181–185
Bowdenzüge
    Bremse 142–144
    Schaltung 119–120
Bremsen 4, 144
    Beläge 49, 138–141
    Bowdenzüge 142–144
    Bremsbelagträger 140–141
    Dual Pivot 137–138
    Einstellung 136–137
    Hebel 153–154

Campagnolo 2
    Anschlagschrauben 133
    Bremsen 135, 136, 138–140
    Bremsbowdenzüge 142
    Index-Systeme 118–119
    Kassetten 112
    Ketten 129–130
    Kurbeln 169–170
    Lenker 153, 156
    Radnaben 66–69
    Schaltwerk 118
    Tretlager 174–175
Compact-Drive-Kurbeln 167
Cyclo-Cross-Bikes 3, 26, 188–191

Derailleurs (Umwerfer) 118–122, 168

Eigenbau-Fahrräder 7
Eingangräder 4, 186–187

Einstellung 22–27
    Lenker 151–154
    und Profi-Mechaniker 48
Entfetter (Lösungsmittel) 40–44

Felgen 56, 84, 141
Felgenband 56
Felgenbremsen 137–138
Fett 18–45, 62
Fitness des Fahrers 25
Fixies (Fixed Wheel Bikes) *siehe* Bahnrenner
Französische Ventile 81
Frauen – Einstellungen für 28

Gabeln 8–9, 39
    Einbau 104–108
Gebraucht-Fahrräder 7
Geometrie 7–9
Gesundheit und Sicherheit 16, 29, 147, 179
Größen
    Rahmen 10
    Reifen 77
    Sattelstützen 148
    und Fahrradkauf 6–7, 22–23
    von Kettenblättern 165
Gummimischungen (Reifen) 77

Hebel (Bremse) 153–154

Index-Systeme 118–119, 123
Industrielager-Naben 70–72
ISIS-Drive 161

JIS-Vierkant-Antrieb 161

Kauf eines Rennrads 6–10
Ketten 31, 48, 49, 133
    Campagnolo 129–130

Fred Milson
Fahrrad-Wartung und -Reparatur
ISBN 978-3-7688-5259-3

Paolo Facchinetti / Guido P. Rubino
Campagnolo
Ein Unternehmen schreibt Fahrradgeschichte
ISBN 978-3-7688-5275-3

Steve Thomas / Ben Searle / Dave Smith
Das große Rennradbuch
Training - Technik - Taktik
ISBN 978-3-7688-5281-4

Guy Andrews / Simon Doughty
Handbuch Radsporttraining
Fitnessgrundlagen - Fahrtechnik - Formaufbau
ISBN 978-3-7688-5279-1

**Erhältlich im Buch- und Fachhandel
oder unter www.delius-klasing.de**

DELIUS KLASING